国家职业教育电子信息工程技术专业
教学资源库配套教材

ICVE 高等职业教育电子信息类专业课程
智慧职教 新形态一体化教材

U0336002

PCB
设计技术

▶ 主　编　曾启明　宋　荣
▶ 副主编　薛　炎　温国忠　鲍志云

高等教育出版社·北京

内容提要

　　本书是国家职业教育电子信息工程技术专业教学资源库配套教材，也是国家精品课程"电子线路板设计"的配套教材。

　　本书以纸质教材为核心，配套在线课程，形成了一个立体化、移动式的PCB设计教学资源库。全书内容包括PCB设计基础，按键控制LED电路、功率放大电路、助听器电路、FM收音机电路、USB集线器电路5个PCB设计项目，以及1个考核项目——蓝牙播放器电路。

　　本书具有如下三个显著特点：第一，从学习者角度出发，提供手把手式教学视频。各项目均提供详细的知识讲解和操作演示视频，随扫随学。第二，以难度渐进组织教学项目，模拟工程师成长过程。本书以入门、简单和进阶三个难度为准则，每个难度下安排1~2个具体的实践项目，让学习者可以循序渐进，逐步掌握PCB设计的知识和技能。第三，讲解PCB设计核心知识，并兼顾所有主流设计软件的使用教学。本书重点讲解PCB设计的工艺规范和布局、布线技巧，并针对书中的每一个教学项目，均分别提供Altium Designer、PADS、OrCAD和嘉立创EDA的操作演示视频，读者可以根据自身需要进行选择性的学习。

　　本书配套在线课程已在"智慧职教"平台上线，具体使用方法参见"智慧职教"服务指南。本书配套提供的数字化教学资源包括PPT教学课件、进度表、项目素材、PCB源文件等，读者可扫描封面二维码下载或发送电子邮件至gzdz@pub.hep.cn获取。

　　本书可作为高等职业院校、中等职业学校和应用型本科院校电子信息类相关专业PCB设计课程的教材，也可作为企业员工培训和社会学习者自学的教材。

图书在版编目（ＣＩＰ）数据

　PCB设计技术 / 曾启明，宋荣主编；薛炎，温国忠，鲍志云副主编． -- 北京：高等教育出版社，2023.3
　ISBN 978-7-04-059618-2

　Ⅰ．①P… Ⅱ．①曾… ②宋… ③薛… ④温… ⑤鲍…
Ⅲ．①印刷电路 - 计算机辅助设计 - 应用软件 - 高等职业教育 - 教材 Ⅳ．①TN410.2

　中国国家版本馆CIP数据核字(2023)第007894号

PCB设计技术
PCB SHEJI JISHU

策划编辑　郑期彤		责任编辑　郑期彤		封面设计　贺雅馨		版式设计　童 丹
责任绘图　黄云燕		责任校对　窦丽娜		责任印制　存 怡		

出版发行	高等教育出版社	网　　址	http://www.hep.edu.cn	
社　　址	北京市西城区德外大街 4 号		http://www.hep.com.cn	
邮政编码	100120	网上订购	http://www.hepmall.com.cn	
印　　刷	北京市大天乐投资管理有限公司		http://www.hepmall.com	
开　　本	850 mm×1168 mm　1/16		http://www.hepmall.cn	
印　　张	11.75			
字　　数	290 千字	版　　次	2023 年 3 月第 1 版	
购书热线	010-58581118	印　　次	2023 年 3 月第 1 次印刷	
咨询电话	400-810-0598	定　　价	35.80 元	

本书如有缺页、倒页、脱页等质量问题，请到所购图书销售部门联系调换
版权所有　侵权必究
物 料 号　59618-00

"智慧职教"服务指南

"智慧职教"（www.icve.com.cn）是由高等教育出版社建设和运营的职业教育数字教学资源共建共享平台和在线课程教学服务平台，与教材配套课程相关的部分包括资源库平台、职教云平台和 App 等。用户通过平台注册，登录即可使用该平台。

● 资源库平台：为学习者提供本教材配套课程及资源的浏览服务。

登录"智慧职教"平台，在首页搜索框中搜索"PCB 设计技术"，找到对应作者主持的课程，加入课程参加学习，即可浏览课程资源。

● 职教云平台：帮助任课教师对本教材配套课程进行引用、修改，再发布为个性化课程（SPOC）。

1. 登录职教云平台，在首页单击"新增课程"按钮，根据提示设置要构建的个性化课程的基本信息。

2. 进入课程编辑页面设置教学班级后，在"教学管理"的"教学设计"中"导入"教材配套课程，可根据教学需要进行修改，再发布为个性化课程。

● App：帮助任课教师和学生基于新构建的个性化课程开展线上线下混合式、智能化教与学。

1. 在应用市场搜索"智慧职教 icve"App，下载安装。

2. 登录 App，任课教师指导学生加入个性化课程，并利用 App 提供的各类功能，开展课前、课中、课后的教学互动，构建智慧课堂。

"智慧职教"使用帮助及常见问题解答请访问 help.icve.com.cn。

　　近十年来,我国印制电路板(PCB)产业正在经历高速发展阶段,很多方面已达到或接近世界先进水平。在设计领域,相继出现了嘉立创 EDA、RedPCB 等优秀软件,并快速更新和改进,与长期占据市场份额的国外设计软件同台竞争,得到产业越来越多的关注和应用。党的二十大报告指出:"科技是第一生产力、人才是第一资源、创新是第一动力。"培养造就大批德才兼备的高素质人才,是国家和民族长远发展大计。本书的目标是培养专业的 PCB 设计人才,支撑国家电子信息产业的发展。

　　本书是在国家精品课程"电子线路板设计"和国家职业教育电子信息工程技术专业教学资源库课程"PCB 设计技术"建设的基础上,吸取多年教学改革成果和实际教学经验编写而成的项目式教材。

　　不同于传统教材,本书是一本与信息化资源高度融合、采用渐进式项目化方式实施的新形态一体化教材。对于学习者来说,本书能够满足学习者从入门新手到初级 PCB 工程师的学习需要。教材从易到难的项目化结构和细致入微的教学视频能够有效提高学习效果。对于教师来说,本书配套提供的丰富教学资源,包括 PPT 教学课件、进度表、项目素材、PCB 源文件等,能够方便教师组织教学。

　　本书是 PCB 课程设计及资源建设成果的凝练,其主要特色概括为以下五个方面。

　　1. 融入鲜明而自然的思政内容

　　引言及每一个项目均以富含寓意的成语典故作为开篇,分别是:执经叩问;千里之行,始于足下;钝学累功;条入叶贯;韦编三绝;蛛游蜩化;不矜不伐。以自然的方式,融入鲜明的思政内容。同时,在项目实践教学中,通过不断强化和训练,培养学生精益求精的工匠精神,并激发学生技术报国的家国情怀。

　　2. 支持"线上 + 线下"混合教学方式

　　配套丰富的信息化资源是本书的一大特色。在书中的关键知识点和技能点旁边,都会提供对应的二维码,扫码就能够立即浏览或下载相关的视频讲解、操作演示、规格图纸、3D 模型等信息化素材。教师线下教学主要进行重点讲解、答疑解惑、讨论交流、案例分享、启发拓展。"线上 + 线下"混合教学方式能够极大地提高教学效率和效果。

　　3. 采用渐进式项目化结构组织内容

　　在企业,PCB 工程师的成长依靠的是不断的项目实践和经验累积。因此,对于 PCB 设计技术的学习也应该是反复的项目实践过程。本书突破传统 PCB 教材按照封装设计、原理图绘制、PCB 布局、PCB 布线等步骤拆分成对应章节的组织方式,解决了知识点的零碎化问题,从学习者的角度出发,模拟工程师的成长过程,将知识的学习和技能的提升融会在项目进行的过程之中。以入门、简单和进阶三个难度为准则,每个难度下安排 1~2 个具体的实践项目,每个项目均包含完整的 PCB 设计过程。通过难度渐进、循环练习的方式组织教学内容。在课程结束后,学习者已经完成了多个完整的 PCB 设计项目,其 PCB 设计能力在渐进式项目化的学习过程中得到快速有效的提升。

4. 关注 PCB 设计核心能力

依托设计软件是 PCB 设计的显著特点,然而软件仅仅是工具,PCB 设计更为核心的能力是工艺规范和布局、布线的技术。本书配套了详尽的手把手式操作视频,用以讲解软件的使用方法,而纸质内容则重点讲解 PCB 设计的工艺规范和布局、布线知识。学生掌握核心能力后,即使转换设计软件,也能够快速适应。

5. 覆盖主流设计软件

本书中不仅包含了 Altium 公司的 Altium Designer、西门子公司的 PADS、Cadence 公司的 OrCAD 三款国外 PCB 设计软件的教学资源,同时提供了国内嘉立创公司的嘉立创 EDA 的教学资源,实现了目前主流 PCB 设计软件的全覆盖。

本书共七部分:引言介绍 PCB 的基本概念和主流设计软件;项目 1 是第一个入门难度的项目,主要介绍 PCB 的设计流程和基本操作;项目 2 是第二个入门难度的项目,继续巩固 PCB 设计流程的相关知识;项目 3 是第一个简单难度的项目,主要介绍 PCB 设计基本的工艺规范和新的软件操作技巧;项目 4 是第二个简单难度的项目,进一步深入介绍工艺规范和布局、布线要领;项目 5 是进阶难度的项目,是实现学习者向工程师转变的关键环节;项目 6 是考核项目,考查对所学知识和技能的综合运用能力。

本书涉及 4 款 PCB 设计软件的使用教学,项目案例是校企合作的典型成果。在此特别感谢深圳嘉立创、深圳比思电子、Cadence 公司等企业在软件使用、案例建设方面提供的宝贵建议和帮助。

由于编者水平有限,对书中不足之处,欢迎广大读者提出批评和建议。

编者
2022 年 11 月
于深圳职业技术学院

目 录

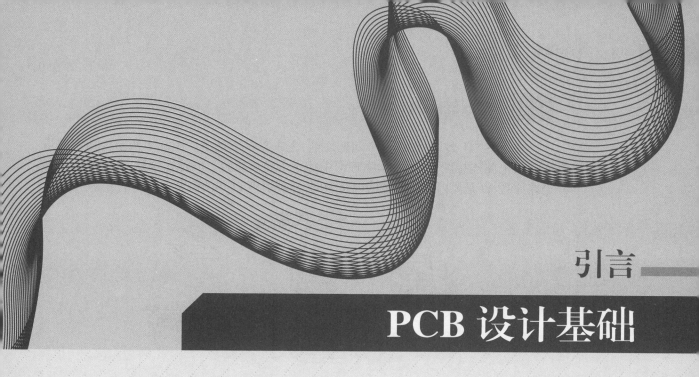

PCB 设计基础

执经叩问，虚心好学

> "执经叩问"一词出自明代宋濂的《送东阳马生序》："又患无硕师、名人与游，尝趋百里外，从乡之先达执经叩问。"其意为手拿经书，向他人请教，形容一个人虚心求学。

　　PCB（印制电路板）设计是一门技术，更是一门手艺。PCB 的设计过程是使用软件工具，按照工艺规范和流程，设计电路板制造所需文档的过程。如果你是第一次接触 PCB 设计，在打开软件学习如何设计 PCB 之前，请务必先静下心来，了解相关的基本概念。例如：什么是 PCB？PCB 设计领域有哪些重要的基本概念？PCB 设计软件有哪些？下面将从学习者需要的角度，以"够用就好"为准则，讲解 PCB 设计最基本的知识。至于一些更为复杂和深入的知识，将会在后续的具体实践项目中逐步学习。

0.1　PCB 的定义

在回答"什么是 PCB"这个问题之前,先来看一个例子。图 0-1 所示为功率测量实验的电路连接图,这是中学物理课中的一个经典实验。但是在这里,我们并不讲解电路原理,而是要以这个熟悉的电路为例,逐步引出 PCB 的概念。

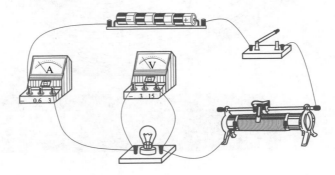

图 0-1　功率测量实验的电路连接图

请思考一个问题:假设需要搬动图 0-1 中的电池座、开关、滑动变阻器等零散的电路元件,可以怎样做?

一个最直接的方式是将当前线路断开,装好所有元件和连接线,搬移到指定位置后再按照原电路重新连接。这种方式直接,但步骤多且烦琐。可以稍微改进一下:使用一块底板,将所有元件通过胶水粘贴之类的方式固定在底板上,如图 0-2 所示。元件被固定后,要想移动整个电路系统就方便多了。

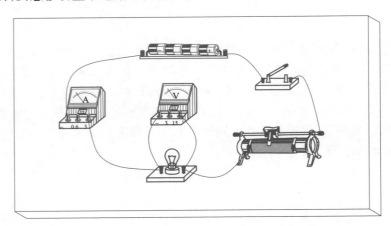

图 0-2　电路板载体功能示意图

作为载体,将零散的电路元件整合起来正是电路板的核心功能。

下面继续改进这块底板。虽然图 0-2 中的电路元件已经得到固定,但是元件之间的连接线依然是悬空的。当电路更为复杂时,杂乱繁多的连接线会严重影响电路的美观性和可视性。

一个解决办法就是将这些悬空的线按压至底板的表面使其伏贴。在实际的电路板制造过程中,这些连接线将会被制造成一条条很薄的、贴附在电路板表面的铜线,用以完成元件之间的电气连接。

这种类似"印制(Printed)"的生产工艺就是电路板设计和制造的核心,也是印制电路板(Printed Circuit Board,PCB)名称的由来。

0.2 PCB 的重要概念

根据 0.1 节中的例子,图 0-2 中的底板就成为功率测量实验电路的"定制化电路板",这种方式是印制电路板的雏形。以图 0-2 中的电池座和开关为例,下面来看看这种"印制"的方式是如何实现的。参照图 0-3,步骤如下:

第一步:根据电池座和开关的外形尺寸,使用线条绘制其形状和大小(图 0-3 中虚线),作为元件的外框。

第二步:根据电池座和开关两端螺钉的间距和大小,分别制作两个金属孔(孔的外围和内壁覆盖有铜)。

第三步:按照电路连接关系,在底板表面制造一条薄铜线,连接对应的金属孔。图 0-3 中的金属线实现了电池座右端 2 号引脚与开关左端 1 号引脚之间的连接。

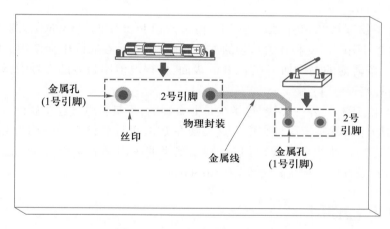

图 0-3　PCB 的重要概念示意图

通过以上三个步骤,底板上便实现了电池座和开关"专属位置"的制作,同时实现了两个元件之间的电气连接。

上述过程涉及以下几个 PCB 设计的基本名词和概念。

1. 物理封装

物理封装俗称 PCB 封装,在设计软件中一般标记为 PCB Footprint 或者 Decal。在图 0-3 所示的例子中,虚线外框和金属孔共同组成了元件的物理封装。物理封装有以下三个主要作用:

(1) 标示元件的大小和形状。在电路板设计过程中,表示两个元件形状大小的外框是不能重叠的,而且要保持一定的安全距离。

（2）安装和固定元件。在这个例子里，电池座可以通过螺钉穿过金属孔后再固定，而在实际中一般通过焊接的方式来固定元件。

（3）提供元件之间的电气连接端点。物理封装中的金属孔既可用于固定元件，同时也是金属线连接的端点。

物理封装的设计是 PCB 设计的关键步骤，针对电路图上的每一个元件，都需要设计与其实物相对应的物理封装。上述例子中，电池座和开关的物理封装是不同的，外框、金属孔的大小和间距各有差异。

2. 引脚

元件的物理封装提供元件之间的连接端点，而这些端点在 PCB 设计中一般称为引脚（Pin）。"引"意为"引出、连线"，"脚"则有"立足、固定"之意，因此元件的引脚不仅用于固定元件，同时也要为元件提供用于连线的端点。引脚主要分为通孔和贴片两种。电池座物理封装的引脚为通孔型引脚，这是由元件的实物外形决定的。由于电池座两端的螺钉需要穿过底板，因此必须使用通孔型引脚。贴片型引脚将在项目 1 中学习，这里暂不讨论。

在 PCB 设计软件中，封装中的引脚通常称为焊盘（Pad），因此也有通孔焊盘和贴片焊盘两种形式。元件的引脚（焊盘）一般用数字进行唯一标识。例如在图 0-3 中，可以定义电池座左端为 1 号引脚，右端为 2 号引脚。

3. 线和丝印

在理解了物理封装和引脚的基础上，再来认识 PCB 中的线（Wire）。图 0-3 中，电池座封装的 2 号引脚需要和开关封装的 1 号引脚相连接。在实际中会使用类似"印制"的工艺，将一条薄薄的铜线加工在 PCB 的表面，使得电池座封装的 2 号引脚和开关封装的 1 号引脚实现电气连接。

在 PCB 中，还有另外一类线，这类线是非金属的，不具备电气连接属性。元件物理封装中的油墨外框就属于这种类型。这类线在 PCB 设计软件中一般称为 Line。Wire 是具有电气连接属性的金属线，而 Line 则是绝缘油墨印制的非金属线。这类油墨非金属线在 PCB 设计中一般统称为丝印（Silkscreen）。

0.3　PCB 的作用

根据与 0.2 节中相同的实现原理，可以为其他元件设计相应的物理封装，摆放至合适位置，再通过印制金属线进行连接，如图 0-4 所示。

当 PCB 制作完毕后，就可以安装（焊接）元件了，元件和 PCB 共同组成电路的具体物理系统，如图 0-5 所示。每一块 PCB 都是为某一个特定电路量身定制的，PCB 是电路的载体，为电路元件提供"安身之所"和电气物理连接。

最后来给 PCB 下一个定义：PCB 作为现代电子系统的核心部件，是一种采用类似"印制"的技术制造的电子底板。

PCB 具有以下三个主要作用：

（1）为整个电路系统提供物理载体。

（2）提供所有元件的"专属位置"。

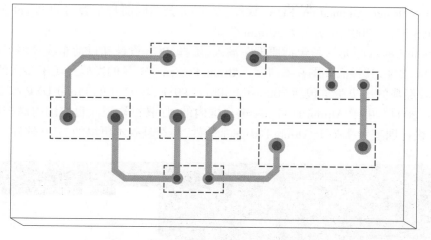

图 0-4　定制化的 PCB 示意图

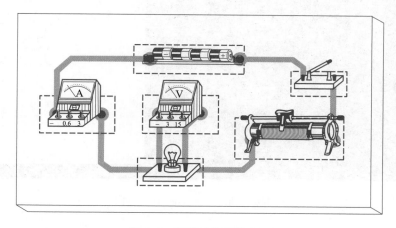

图 0-5　安装元件后的 PCB

（3）实现元件之间的电气连接。

PCB 工程师是进行 PCB 设计和相关仿真，跟踪 PCB 制造过程并解决相关技术问题的专业技术人员。

0.4 主流的 PCB 设计软件

PCB 设计是一个使用软件工具进行各项操作的过程，全程依赖工具是 PCB 设计的一个明显特点。因此，每一本关于 PCB 设计的书籍都绕不开软件工具的教学。一名优秀的 PCB 工程师通常要熟悉所有的主流设计软件，并精通其中某一款。本节将介绍目前行业中四款主流的 PCB 设计软件，包括 Altium Designer、Siemens PADS、Cadence SPB 和嘉立创 EDA。

1. Altium Designer

Altium Designer（简称 AD）是澳大利亚 Altium 公司推出的电子设计自动化

(Electronic Design Automation,EDA)软件。Altium 公司的前身是著名的 Protel 公司,始创于 1985 年,于 2001 年更名为 Altium 公司。

Altium Designer 是一款包括原理图输入、仿真、PCB 设计和自动布线等多个模块在内的 EDA 软件,其界面如图 0-6 所示。Altium Designer 工具的发展经历了多次的更新,其中比较经典的历史版本包括 2000 年的 Protel 99SE、2002 年的 Protel DXP 和 2004 年的 Protel 2004。由于 Altium Designer 进入国内的时间较早,因此目前国内高校所开设的 PCB 设计课程大多基于 Altium Designer 软件,甚至是版本更早的 DXP 软件。

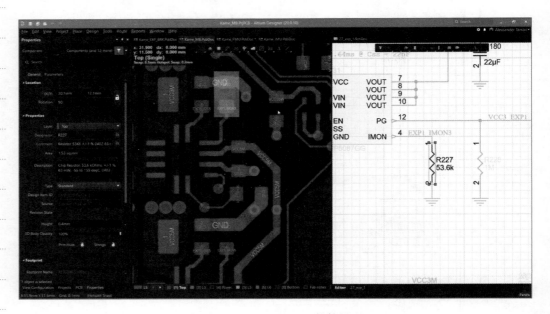

图 0-6　Altium Designer 软件界面

Altium Designer 的特点可以总结为:简单易学,功能完整。工具的易学性和功能完整性,使得 Altium Designer 适合作为新手入门的学习平台。

2. Siemens PADS

PADS 是由原美国 Mentor Graphics 公司开发的 PCB 设计软件。Mentor Graphics 公司始创于 1981 年,其产品涉及 PCB 设计仿真、集成电路设计仿真和 FPGA 设计仿真等多个领域。2016 年,Mentor Graphics 公司被西门子公司收购,并于 2021 年正式更名为 Siemens EDA。

PADS 软件的前身是 Power PCB 工具,历经 PADS2005、PADS2007、PADS9.0 等多个版本的发展和改善,目前已更新到 PADS VX 系列。PADS 包括了封装设计、原理图输入、PCB 布局、PCB 布线和仿真等多个模块,其界面如图 0-7 所示。

PADS 软件的规则设置灵活简单、布线功能优势突出,是目前不少企业使用的主要 PCB 设计工具。

3. Cadence SPB

SPB 系列软件是美国 Cadence 公司面向 PCB 设计领域的专业级 EDA 工具,主要包括原理图设计工具 OrCAD 和 PCB 设计工具 Allegro PCB Editor 两个主要模块。

OrCAD 诞生于 1985 年,于 1999 年被 Cadence 公司收购,并与 Allegro 整合成 SPB 系列。OrCAD 的特点是简单易用、功能全面,并提供丰富的第三方网表格式,其界面如图 0-8 所示。

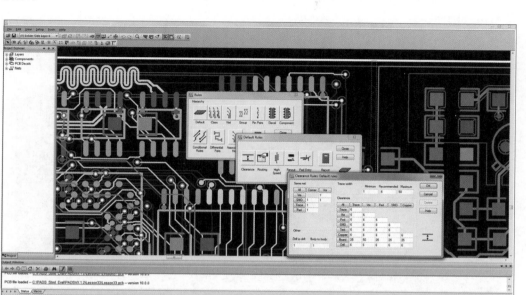

图 0-7 Siemens PADS 软件界面

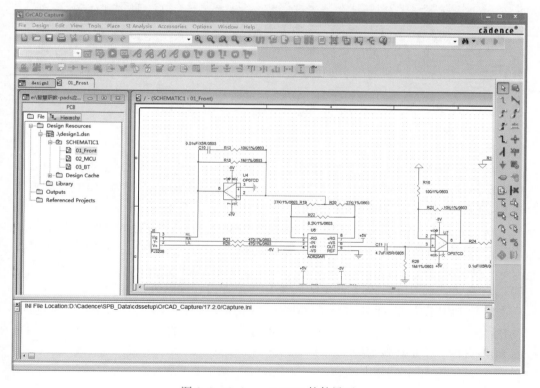

图 0-8 Cadence OrCAD 软件界面

OrCAD 与 Allegro PCB Editor 之间可以实现无缝链接。Allegro 的布线工具功能强大,在规则设置完善的情况下,具有优异的布通率和优化率,其界面如图 0-9 所示。除了基本原理图和 PCB 设计工具以外,Cadence 还配套有完善的仿真工具,可以实现设计与仿真的同步。

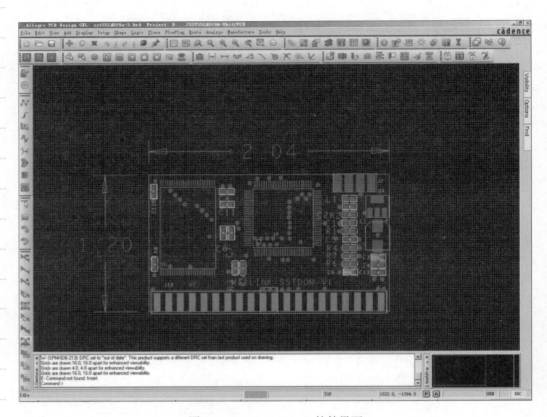

图 0-9   Cadence Allegro 软件界面

4. 嘉立创 EDA

嘉立创 EDA 是一款国产 PCB 设计软件,基于 JavaScript 开发,完全由中国团队独立研发,并拥有完全的独立自主知识产权。嘉立创 EDA 的国内版为 LCEDA,国外版为 EasyEDA。嘉立创 EDA 发布之初就承诺,国内版永久免费。

嘉立创 EDA 目前有标准版和专业版两个版本,标准版主要面向教育,功能和使用相对简单,其界面如图 0-10 所示;专业版面向企业,功能更为复杂。嘉立创 EDA 标准版基于浏览器运行,支持 Windows、Mac、Linux 跨平台,设计进度自动同步。同时,嘉立创 EDA 标准版和专业版均已推出客户端,用户可在没有网络时使用。

四款 PCB 设计软件各有特点:Altium Designer 像一位平实的长者,平易近人;PADS 像一位精明的年轻人,规则灵活;SPB 则像一位严肃的中年人,内敛而强大;嘉立创 EDA 更像一位正在快速成长的少年。

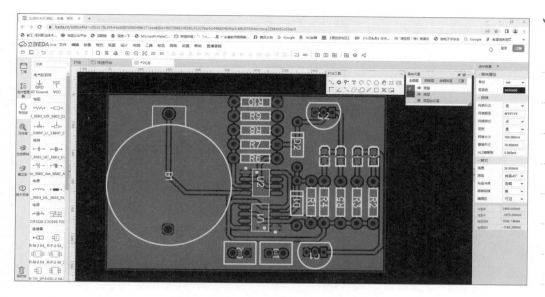

图 0-10　嘉立创 EDA 标准版软件界面

0.5　设计软件的选择建议

选择合适的 PCB 设计软件，是每一个新手首先需要解决的问题。在 PCB 设计软件的选择上，根据编者多年的工程设计和教学经验，建议如下：

● 新手可以选择 Altium Designer、PADS、嘉立创 EDA 其中之一开始 PCB 设计的学习。

● 如果选择 PADS 开始学习，建议选择 OrCAD 作为原理图设计工具，便于后期向 Allegro 拓展。

● 具备一定的 PCB 设计基础和经验后，再选择 Allegro 进行进阶学习。

在动手开始第一个实践项目之前，再次提醒各位学习者：虽然软件的使用是 PCB 设计的主要内容，但软件仅仅是工具，并不是 PCB 设计的核心知识。学习 PCB 设计的关键不仅是要知道"怎么做"（即软件的使用），更重要的是要知道"做成什么样"（即 PCB 布局、布线的技巧和工艺规范）。衡量一个优秀 PCB 工程师最重要的指标并不是软件使用的熟练程度，而是在项目实践中积累的布局、布线经验和工艺规范知识。

实践出真知，如果你已经准备好了，那就进入项目 1，开始你的第一个 PCB 项目吧！

按键控制 LED 电路

千里之行，始于足下

"千里之行，始于足下"出自《老子·道德经》，意思是千里的远行，是从脚下第一步开始走出来的。学习一门技能亦是如此。

本项目将以一个非常简单的电路作为项目载体，采用手把手教学的形式，指引读者快速完成 PCB 的设计流程。即使是"零基础"的学习者，也可以根据本书内容和配套的操作视频，完成该项目的 PCB 设计。

本项目的关键词是"流程"。PCB 设计是一个典型的多步骤、递进式的软件操作过程，工程师需要跟踪从设计到制造的完整过程，并解决相关的技术问题。不管采用什么设计软件，PCB 设计的流程是基本相同的，可以归纳为设计准备、逻辑封装设计、原理图绘制、物理封装设计、网表处理、PCB 布局、PCB 布线和后续处理 8 个主要步骤，如图 1-1 所示。

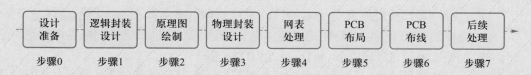

图 1-1　PCB 设计的主要流程

1.1 设计准备

设计准备是每一个 PCB 项目的起点。设计准备步骤不需要操作软件,是根据编者多年设计经验而总结的一些建议,因此将其定义为"步骤 0"。设计准备主要包括三方面的工作:明确项目设计要求、了解项目概况和建立项目资料目录。

1.1.1 明确项目设计要求

在企业里,PCB 工程师不是完全独立存在的工作人员,需要和电路设计、结构设计和元件采购等相关人员分工合作。因此,设计准备的第一项工作是根据各方需求,明确项目设计要求。

设计要求主要包括工程设计要求、设计交付时间要求和设计软件要求三方面,如图 1-2 所示。

工程设计要求　　**设计交付时间要求**　　**设计软件要求**
外形结构、板层数量　　确定设计周期、安排分工　　PADS、Allegro、AD
……　　　　　　……　　　　　　……

图 1-2　设计要求

● 工程设计要求:主要包括 PCB 的外形结构要求、板层数量要求、特殊工艺要求等。

● 设计交付时间要求:明确 PCB 完成的时间,以此安排分工合作。

● 设计软件要求:不同的客户可能会要求不同的文件格式,根据需求确定设计软件。

1.1.2 了解项目概况

明确项目设计要求后,先不要着急动手,下一步就需要了解项目概况,包括电路原理、元件型号、关键线路等。本项目的电路原理示意图如图 1-3 所示。该电路是一个按键控制 LED 电路,电路使用电池供电、电阻限流,通过按键控制电路的通断,进而控制发光二极管(Light Emitting Diode,LED)的亮灭。

元件型号的确定是 PCB 设计的重要环节。本项目电路包含 4 个元件:电池、电阻、LED 和按键。在企业实际工作中,工程师需要根据电路功能、成本、尺寸等因素决定元件的具体型号。

通过项目实践,不断认识各种电子元件,积累设计经验,是 PCB 工程师成长的重要一环。

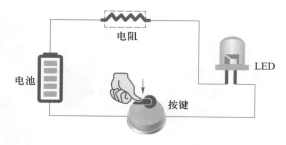

视频
按键控制 LED 电路
知识讲解

图 1-3 按键控制 LED 电路原理示意图

为了便于讲解和学习,这里已经确定了上述 4 个元件的具体型号。电池使用的是型号为 CR2032 的纽扣电池,如图 1-4(a)所示。CR2032 纽扣电池的电压为 3 V,广泛应用于计算机主板、电子玩具等产品中。需要注意的是,纽扣电池不能直接焊接在 PCB 上,需要通过一个纽扣电池座接入电路,如图 1-4(b)所示。因此,项目中实际需要设计封装的元件是 CR2032 纽扣电池座。

注 意

电池属于极性元件,需要区分正负极。

电阻采用直插型色环电阻,如图 1-5 所示。色环电阻的主体为圆柱体,两端带有金属针脚(引脚)。电阻主体上使用不用颜色的圆环组合标示电阻值的大小,因此称为色环电阻。电阻属于非极性元件,不区分正负极,焊接时两端可以互换。

(a) CR2032纽扣电池　　(b) CR2032纽扣电池座

图 1-4 CR2032 纽扣电池及纽扣电池座实物图　　图 1-5 直插型色环电阻实物图

LED 是一种利用半导体原理制造的发光元件,本项目电路采用直插型 LED,如图 1-6 所示。LED 属于极性元件,安装时必须正确区分正负极,否则无法正常工作。从外形上来看,引脚较长一端为正极。

按键采用一种具有 4 个引脚的轻触式贴片按键,如图 1-7 所示。这种按键广泛应用于各类电子产品中,属于非自锁型的按键,当有外力按下时,按键内部电路接通,当外力消失时,按键则会自动恢复至断开状态。

图 1-6   直插型 LED 实物图   图 1-7   轻触式贴片按键实物图

1.1.3   建立项目资料目录

了解项目概况,确定电路元件的型号后,下一步是建立项目资料目录。对于每一个 PCB 项目,为其建立对应的资料目录,分类存放各种文件,是一个良好的设计习惯。在项目资料目录下需要建立多个不同的文件夹,用于存放在 PCB 设计过程中产生的各类文件,如图 1-8 所示。

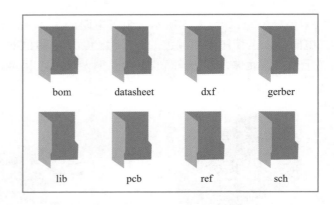

图 1-8   PCB 项目资料目录的结构

- bom:放置元件清单,该文件由原理图导出并完善。
- datasheet:放置电路元件的资料,包括规格图纸、设计须知等。
- dxf:放置 PCB 的结构文件,该文件由结构工程师给出。
- gerber:放置 PCB 制造所需的图纸,由 PCB 导出。
- lib:放置 PCB 设计所需的库文件。
- pcb:放置 PCB 源文件。
- ref:放置电路 PCB 设计的约束参考文件、说明文档等。
- sch:放置原理图源文件。

视频
PCB 设计之前的准
备工作
- OrCAD+PADS

- Altium Designer

- 嘉立创 EDA

1.2 逻辑封装设计

1.2.1 逻辑封装和逻辑封装库

逻辑封装,也称为原理图封装,是电路元件功能和引脚情况的抽象图形表示。一个元件的逻辑封装不是唯一的,只要能够正确表示元件的引脚情况,同时形象地表示元件的功能特点,即使图形有所区别,也是可以的。举例说明,图 1-9 所示为电阻的两种常用逻辑封装,分别以折线形和矩形来表示电阻的含义,两个引脚分别表示电阻两端的金属针脚。

图 1-9   电阻的两种常用逻辑封装

与逻辑封装相关的一个概念是逻辑封装库。一个项目包含多个元件的逻辑封装,保存在一个称为"库(Library)"的文件中,方便进行管理和调用。不同的设计软件,逻辑封装库的格式不同。例如,Altium Designer 的逻辑封装库是一个后缀为 .schlib 的文件,OrCAD 的逻辑封装库是一个后缀为 .olb 的文件。

PCB 设计软件一般会提供常用元件的逻辑封装库,包含例如电阻、电容、电感和常规芯片等元件的逻辑封装,工程师可以直接调用。软件自带逻辑封装库中没有的元件,则需要工程师自行设计。

一个良好的习惯是为每一个 PCB 项目新建对应的逻辑封装库,将已有封装复制过来,并设计缺少的封装,方便项目的管理,降低封装调用错误的风险。

1.2.2 纽扣电池座的逻辑封装设计

两个引脚的纽扣电池座元件一般采用电源的符号来表示,如图 1-10 所示。元件包含两个引脚,分别对应纽扣电池座的正极和负极。逻辑封装的引脚包含名称和序号两个信息,引脚名称可以是字母、数字和符号,或者它们的组合,而序号一般采用数字表示,少数情况下会使用字母加数字的形式。

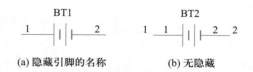

(a) 隐藏引脚的名称   (b) 无隐藏

图 1-10   纽扣电池座逻辑封装设计对比

在纽扣电池座的逻辑封装中,两个引脚的名称和序号均为数字,分别是 1 号引脚和 2 号引脚。在元件逻辑封装的设计中,为了更好地显示效果,引脚的名称和序号可以选择部分隐藏,甚至全部隐藏。图 1-10(a)中隐藏了引脚的名称,仅显示其序号;图 1-10(b)中,引脚的名称和序号均没有隐藏。

视频

按键控制 LED 电路的逻辑封装设计

● OrCAD

● Altium Designer

● 嘉立创 EDA

● 对于引脚数量为 2 的极性元件,在 PCB 设计过程中,引脚的序号最好能够遵守相同的命名规则。一般遵守"1 正 2 负"的命名规则,即 1 号引脚作为正极,2 号引脚作为负极。遵守相同的命名规则,能够有效减少设计失误,避免元件焊接时极性错位。

● 基于上一点,此类极性元件的引脚序号不能隐藏,方便核对元件极性是否正确。

1.2.3　色环电阻的逻辑封装设计

色环电阻属于通用元件,其逻辑封装是通用的,设计时可以选用折线形或者矩形的逻辑封装形式。与纽扣电池座的逻辑封装不同,色环电阻属于非极性元件,两端不区分正负极,安装时两端可以互换。因此,对于此类引脚数量为 2 的非极性元件,其逻辑封装的两个引脚的序号一般定义为 1 和 2,引脚的名称可以与序号相同,两者均隐藏显示,以尽量保持电路图的整洁清晰,如图 1-11 所示。

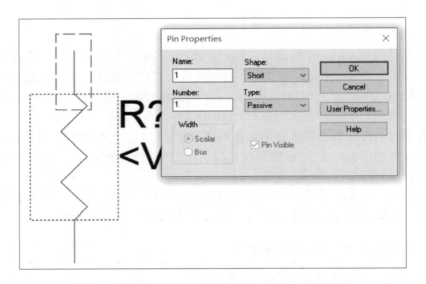

图 1-11　隐藏引脚的名称和序号的色环电阻逻辑封装

1.2.4　LED 的逻辑封装设计

LED 的逻辑封装如图 1-12 所示,封装包含两个引脚和一个带箭头的三角形,这是业内普遍采用的一种表示形式。与纽扣电池座的逻辑封装类似,LED 属于极性元件,因此按照"1 正 2 负"的规则定义引脚的序号。引脚的名称可以与序号相同。考虑到元件显示效果,LED 引脚的名称一般不显示。

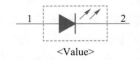

图 1-12　LED 的逻辑封装

1.2.5 贴片按键的逻辑封装设计

在实际应用中,由于引脚数量和内部结构的区别,按键具有多种实物形式,如图 1-13 所示。不同的按键,其结构原理和引脚数量不同,逻辑封装也不同。

图 1-13　各种类型的按键

本项目电路采用 4 个引脚的贴片按键,其逻辑封装的设计示例如图 1-14(a)所示。元件逻辑封装的设计方案不是唯一的,以该贴片按键为例,在其内部结构中,上端两个引脚是连通的,下端两个引脚也是连通的,当按键按下,上下两端接通。因此可以设计贴片按键的另一种逻辑封装,如图 1-14(b)所示。

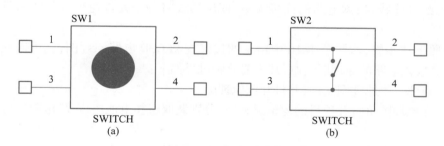

图 1-14　贴片按键的两种逻辑封装设计方案

1.3 原理图绘制

1.3.1 原理图的概念和作用

原理图绘制是指将逻辑封装库中的元件取出,摆放至图纸,并将各个元件逻辑封装的引脚按照需要进行连接的过程。这张包含了元件逻辑封装和连接关系的图纸,称为原理图(Schematic)。

原理图是电路的逻辑抽象表示,它清晰明了地表达出电路所包含的元件类型和数量,以及元件之间的连接关系。

原理图在 PCB 设计中具有两个重要作用：一是表示电路中所包含的元件及其型号信息；二是表示电路中各元件的连接关系。工程师在进行项目研究和交接时，主要依据原理图来核对电路设计是否正确。

1.3.2　原理图的简单操作

图 1-15 表示了原理图的绘制过程，主要分为以下两个步骤：

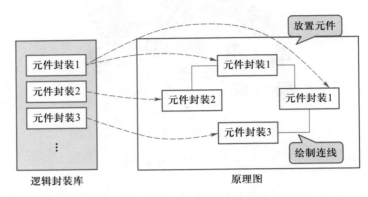

图 1-15　原理图绘制过程示意图

（1）放置元件：对照给定的原理图，从逻辑封装库中调取所需要元件的逻辑封装，放置于原理图上的合适位置。

（2）绘制连线：根据电路的连接关系，使用导线将各个元件逻辑封装的引脚连接起来。

按照上述步骤，对照图 1-16 中给定的按键控制 LED 电路原理图，就可以在设计软件中完成该电路的原理图绘制，其主要绘制过程如下：

（1）新建一个原理图文件，并打开该原理图。

（2）在原理图页打开项目的逻辑封装库，分别调取纽扣电池座、色环电阻、LED 和

按键控制 LED 电路
的原理图绘制

- OrCAD

- Altium Designer

- 嘉立创 EDA

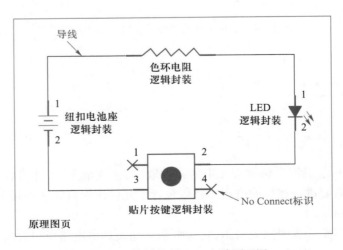

图 1-16　按键控制 LED 电路原理图

贴片按键的逻辑封装各 1 个,并按照图 1-16 所示的相对位置摆放。

(3) 使用导线,先后将纽扣电池座的 1 号引脚连接至色环电阻的左端,色环电阻的右端连接至 LED 的 1 号引脚,LED 的 2 号引脚连接至贴片按键的 2 号引脚,贴片按键的 3 号引脚连接至纽扣电池座的 2 号引脚。

(4) 贴片按键的 1 号引脚和 4 号引脚在电路中不连接到任何网络,处于悬空状态。对于此类引脚,在原理图绘制中通常会为其加上 No Connect 标识,一般是 "×" 符号。

1.4 物理封装设计

1.4.1 物理封装和物理封装库

原理图绘制完成后,接下来需要为原理图中的所有元件设计对应的物理封装。物理封装和逻辑封装是同一元件在 PCB 设计过程中的不同表示。物理封装是根据元件实物外形尺寸而设计的图形表示。

物理封装用于 PCB 设计流程后段的 PCB 布局、布线步骤中,因此也称为 PCB 封装。

与逻辑封装库类似,元件的物理封装也以 "库" 的形式进行保存和管理,保存物理封装的库称为物理封装库,或者 PCB 库。例如,Altium Designer 的物理封装库是一个后缀为 .pcblib 的文件。物理封装设计的第一步是建立物理封装库。

1.4.2 纽扣电池座的物理封装设计

根据本项目 1.1.2 节中图 1-4(b) 所示的纽扣电池座的实物图,元件的底部两端是金属针脚(引脚),元件焊接时,引脚穿过 PCB,在另一端进行焊接。纽扣电池座属于直插型元件,对应两个引脚,需要设计两个金属孔作为承载,这两个金属孔在 PCB 设计中称为焊盘。金属孔的形状一般以圆形为主,少数元件的焊盘需要设计成椭圆形。

圆形焊盘包括两个主要参数:内直径和外直径,如图 1-17 所示。内直径的取值必须大于元件引脚的最大直径。外直径的取值以内直径为参考,一般在内直径的基础上增加 0.5~1.5 mm。内直径越大,需要增加的值也越大。

视频

按键控制 LED 电路的物理封装设计

● PADS

● Altium Designer

● 嘉立创 EDA

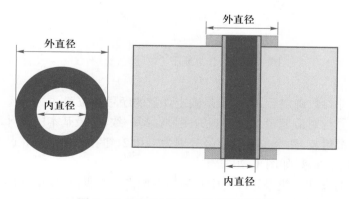

图 1-17 通孔焊盘的设计参数示意图

物理封装设计主要分为放置焊盘和绘制外形丝印两个步骤。

1. 放置焊盘

首先要确定焊盘的尺寸参数，也就是内直径和外直径的取值。图 1-18 所示为 CR2032 纽扣电池座的规格图纸，该资料可以通过元件的制造商获得。根据图纸，纽扣电池座引脚的直径是 0.84 mm，因此焊盘的内直径必须大于 0.84 mm。

图片
CR2032 纽扣电池座的规格图纸

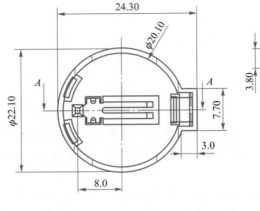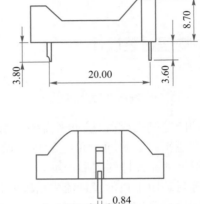

图 1-18　CR2032 纽扣电池座的规格图纸（单位：mm）

部分制造商的规格图纸中会给出建议的物理封装参数，如图 1-19 所示。图中建议焊盘的内直径为 1.3 mm，大于实物引脚的直径 0.84 mm。外直径 = 内直径 +（0.5~1.5 mm），由于 1.3 mm 属于中等大小的孔，因此外直径可以增加 1 mm，取 2.3 mm。

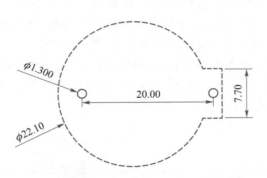

图 1-19　纽扣电池座建议物理封装参数

焊盘的尺寸参数确定后，下一步是确定焊盘的序号和位置。

焊盘的序号与对应逻辑封装引脚的序号保持一致，是最基本的设计准则。对比纽扣电池座的逻辑封装，两个焊盘的序号分别为 1 和 2，纽扣电池座形状凸出一端的焊盘为正极，对应 1 号焊盘，如图 1-20 所示。

物理封装的设计一般以元件的中心为参考原点。根据图纸，电池座两个引脚的间距是 20 mm，元件左边引脚距离原点 8 mm，右边引脚距离原点 12 mm。因此，如图 1-20

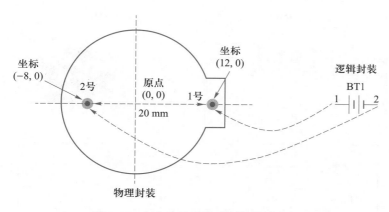

图 1-20　纽扣电池座物理封装设计过程

所示,如果两个焊盘横向放置,可以确定 1 号焊盘的坐标是 (12,0),2 号焊盘的坐标是 (−8,0)。

2. 绘制外形丝印

物理封装的另一个重要作用是标示元件的实体外形轮廓和大小。图 1-21 是按键控制 LED 电路的 PCB 实物图,图中箭头所指的白色部分是元件的外形丝印。丝印是 PCB 设计的一个专业名词,一般是指 PCB 上作为标识用途的非金属部分,例如元件的外形、元件的标号等,丝印一般采用白色油墨的形式实现。

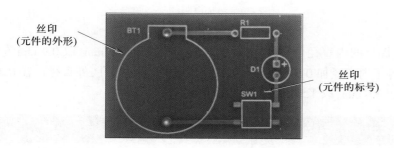

图 1-21　按键控制 LED 电路的 PCB 实物图

1.4.3　色环电阻的物理封装设计

色环电阻的两端是细长的金属针脚(引脚),在安装时需要弯折,穿过 PCB 进行焊接。色环电阻属于直插型元件,其焊盘为圆形焊盘,物理封装设计也按照放置焊盘和绘制外形丝印两个步骤进行。

1. 放置焊盘

图 1-22 所示为色环电阻的规格图纸,按照功率的不同,色环电阻的外形大小也不同。放置焊盘的第一步是确定焊盘的内直径,假设色环电阻的功率为 1/4 W,则对应引脚的直径为 0.4 mm(参数 d)。由于该图纸没有给出建议的物理封装参数,因此工程师需要根据经验确定焊盘的内、外直径参数。按照经验,焊盘的内直径必须大于引脚的最大直径,差值一般大于 0.5 mm。引脚的直径越大,所取差值也越大。0.4 mm 是比较

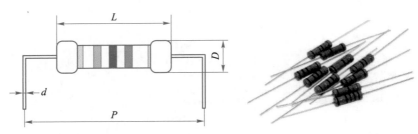

功率	尺寸/mm			
	d	P	L	D
1/8 W	0.4	6	3.2	1.7
1/4 WS	0.4	6	3.2	1.7
1/4 W	0.4	10	6	2.3
1/2 WS	0.4	10	6	2.3
1/2 W	0.48	12.5	9	3.2
1 WS	0.48	12.5	9	3.2
1 W	0.68	15	11	4.5
2 WS	0.68	15	11	4.5
2 W	0.68	20	15	5

图 1–22   色环电阻的规格图纸

小的直径,焊盘的内直径可在 0.4 mm 的基础上再增加 0.5 mm,取 0.9 mm 左右。焊盘的外直径等于内直径加 0.5~1.5 mm,0.9 mm 属于比较小的孔,外直径可在 0.9 mm 的基础上再增加 0.6 mm,取 1.5 mm 左右。

注   意

以上数据的取舍没有标准答案,只要在合理范围内,都是正确的。

焊盘的尺寸参数确定后,接下来确定焊盘的序号和位置。色环电阻的逻辑封装中两个引脚的序号分别为 1 和 2,因此两个焊盘的序号也是 1 和 2。焊盘的位置需要根据元件的安装情况确定,如图 1–23 所示。根据图纸,功率为 1/4 W 的色环电阻两端弯曲时,引脚相距 10 mm。因此,以色环电阻的中心为参考原点,两个焊盘横向放置,一个焊盘的坐标为 (5,0),另一个焊盘的坐标为 (–5,0)。由于色环电阻属于非极性元件,因此 1 号和 2 号焊盘的位置可以互换。

2. 绘制外形丝印

色环电阻的圆柱形主体投影到二维平面上呈一个矩形,根据图纸,功率为 1/4 W 的色环电阻主体的长 L 和直径 D 分别为 6 mm 和 2.3 mm,因此,外形丝印矩形的长度和宽度也同样分别为 6 mm 和 2.3 mm,如图 1–23 所示。

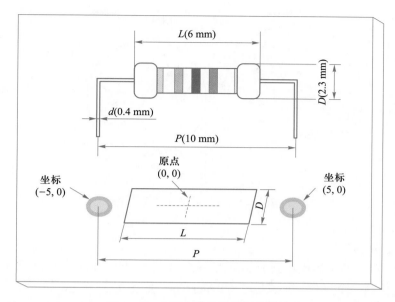

图 1-23 色环电阻的物理封装设计

1.4.4 LED 的物理封装设计

图 1-24 所示为直插型 LED 的规格图纸。根据前面两个元件的设计经验,可以分析其物理封装主要由两个圆形焊盘和一个圆形外框构成。

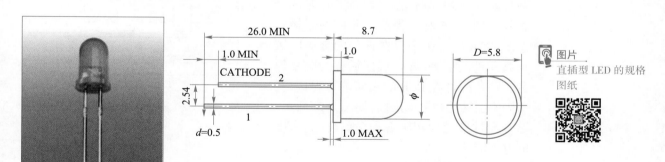

图 1-24 直插型 LED 的规格图纸(单位:mm)

1. 放置焊盘

根据 LED 的规格图纸,引脚直径的最大值为 0.7 mm,焊盘的内直径可以取 1.2 mm,保留 0.5 mm 的余量。外直径在 1.2 mm 的基础上,再增加 0.7 mm 左右,取 1.9 mm 左右。

LED 属于极性元件,两个焊盘的序号与逻辑封装的引脚序号要严格对应。根据图纸,LED 两个引脚的间距为 2.54 mm,以元件中心为原点,两个焊盘的坐标分别为 (-1.27,0) 和 (1.27,0),如图 1-25 所示。

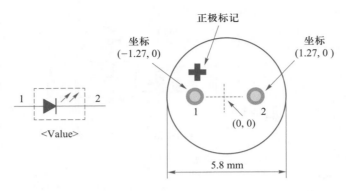

图 1-25　LED 的物理封装设计

2. 绘制外形丝印

LED 的圆柱形主体投影到 PCB 上呈一个直径为 5.8 mm 的圆,因此需要以元件中心为原点,绘制一个直径大于或等于 5.8 mm 的圆,如图 1-25 所示。

LED 属于极性元件,两个焊盘的位置不能随意调换,遵守"1 正 2 负"的命名规则,1 号焊盘为正极,在外形丝印上必须绘制一个表示正极的标记。图 1-25 中采用一个"+"号表示左侧的 1 号焊盘为正极。

1.4.5　贴片按键的物理封装设计

与前面三个元件不同,贴片按键属于贴片元件,其引脚不是金属针脚,而是薄金属片。图 1-26 所示为贴片元件的焊接示意图,PCB 使用一个仅在顶层的金属区域承载元件的引脚,该金属区域称为贴片焊盘。贴片元件在 PCB 的表面进行焊接,其引脚不会穿透 PCB 的底面,如图 1-26 所示。贴片元件广泛应用于各种微型化、高密度的电子产品中。

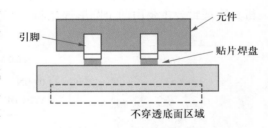

图 1-26　贴片元件的焊接示意图

1. 放置焊盘

图 1-27 所示为贴片按键的规格图纸,元件主体在平面上的投影是一个长 × 宽为 6 mm × 6 mm 的正方形,引脚金属片的宽度为 0.7 mm,图中的"4-0.70"表示 4 个宽度为 0.7 mm 的引脚。图纸中没有明确给出引脚的长度,但是给出了建议的物理封装参数。对该参数进行简单计算可知,焊盘形状为矩形,长和宽分别为 1.4 mm 和 1 mm。

贴片焊盘与圆形金属孔焊盘不同,在设置参数时需要去除中间层和底层的参数,仅保留顶层数据。具体的实现方法可参照该步骤的操作视频。

贴片焊盘的序号要与图纸严格保持一致,从左上角开始,按照顺时针方向,分别是 1、2、4、3。按照建议的物理封装参数,以按键的中心为原点 (0, 0),可以计算出 1 号焊盘的坐标为 (-4.3, 1.95),其他 3 个焊盘的位置坐标如图 1-28 所示。

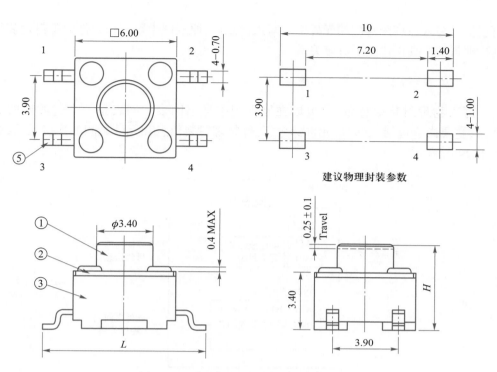

图 1-27 贴片按键的规格图纸(单位:mm)

图片
贴片按键的规格
图纸

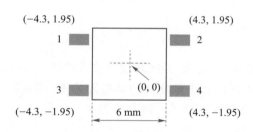

图 1-28 贴片按键的物理封装设计

2. 绘制外形丝印

贴片按键的实体投影到 PCB 上呈一个边长为 6 mm 的正方形,具体的绘制方法可参照该步骤的操作视频。

1.5 网表处理

网表(Netlist)是连接 PCB 设计前端(原理图)和后端(PCB 布局、布线)的关键文件。网表处理主要包括写入物理封装信息、网表导出和网表导入三个主要步骤。

1.5.1 写入物理封装信息

完成逻辑封装设计、原理图绘制和物理封装设计三个步骤后,工程师需要将物理封装信息写入原理图对应的元件中。写入信息后,原理图中每一个元件的逻辑封装与其物理封装才真正建立了对应关系。

1.5.2   网表导出

写入物理封装信息后,就可以在原理图中导出网表。网表是一个过渡性的文件,其主要内容包括三部分:元件标号、元件物理封装信息和元件之间的连接关系,如图 1-29 所示。

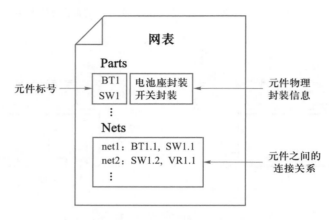

图 1-29   网表的主要内容

1.5.3   网表导入

从原理图中导出的网表,需要在 PCB 设计软件中进行导入,生成初始状态的 PCB 文件。以本项目电路中的纽扣电池座和色环电阻为例,网表的导入过程如图 1-30 所示,主要分为调取封装和分配连接关系两个步骤。

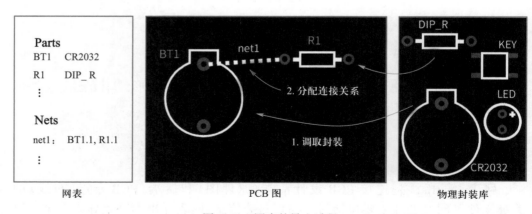

图 1-30   网表的导入过程

1. 调取封装

在网表的导入过程中,软件首先根据网表的元件物理封装信息,从物理封装库中调取对应的封装,并将元件标号分配至对应的封装。例如,图 1-30 所示网表中 Parts

部分其中两个元件的封装名称分别为 CR2032 和 DIP_R,软件将根据上述名称,在物理封装库中查找和调取同名封装,并放置于 PCB 图中。同时,软件会根据网表将元件标号分配至对应的封装,例如 CR2032 封装被调取后,将以 BT1 命名。

2. 分配连接关系

封装调取后,软件将根据网表中 Nets 部分分配焊盘之间的连接关系。例如,图 1-30 所示网表中 Nets 部分其中一个网络的名称为 net1,表示 BT1 的 1 号引脚(BT1.1)和 R1 的 1 号引脚(R1.1)之间的连接,软件将根据此信息,将 PCB 图上相应封装的焊盘连接起来,并将该线路命名为 net1。

网表处理的过程可以理解为电路从原理图到 PCB 的过渡,是从抽象到具体的过渡。逻辑封装是元件的抽象表示,原理图是元件逻辑封装的连接表示,物理封装是元件的真实形态表示。

1.6 PCB 布局

1.6.1 布局的基本概念和原则

网表导入后,元件的物理封装是无序排列的,下一个步骤就是要将这些无序的物理封装按照设计要求摆放至合适的位置,这一过程称为 PCB 布局(Layout)。布局是 PCB 设计的关键步骤,合理的布局能够有效提高后期 PCB 布线的效率和质量,而凌乱、错误的布局将直接影响布线的质量,甚至导致 PCB 设计无法完成。先布局,后布线,是 PCB 设计的基本原则。

1.6.2 布局的基本操作

布局的基本操作是选中元件封装,通过移动、旋转等方式,将其放置于 PCB 图上的合适位置。图 1-31 所示为按键控制 LED 电路布局前后对比,PCB 设计软件中一般使用细线表示焊盘之间的连接关系,这些细线称为鼠线。布局过程中,需要将这些细线作为参考,应使其尽量呈直线,线与线之间不交叉。当然,布局还需要遵守结构外形、信号流向等原则,相关知识将在后续项目中学习。

视频
按键控制 LED 电路的网表处理
- OrCAD+PADS

- Altium Designer

- 嘉立创 EDA

视频
按键控制 LED 电路的 PCB 布局
- PADS

- Altium Designer

- 嘉立创 EDA

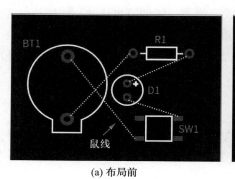

(a) 布局前　　　　　　　　(b) 布局后

图 1-31　按键控制 LED 电路布局前后对比

对比图 1-31(a)，图 1-31(b) 中多了一个矩形的方框，这是 PCB 的板框，也就是 PCB 的外形轮廓。

1.7　PCB 布线

PCB 布线（Routing）是指根据元件物理封装焊盘之间的连接关系，绘制金属线，实现元件之间的电气连接。

必须在布局基本完成后，才能开始布线，布局和布线不能同时进行，布线过程中一般只允许进行部分元件的微调。

1.7.1　线的基本参数

PCB 布线的"线"与原理图中的"线"不同。原理图中的"线"只是用于表示元件之间的连接关系，最终转化为 PCB 中的鼠线，而 PCB 布线中绘制的"线"是具体的金属线。

PCB 中的线具有三个基本参数，分别是长度 L、宽度 W，以及厚度 D，如图 1-32 所示。

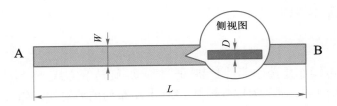

图 1-32　PCB 中的线的基本参数

● 长度 L：一般情况下，要求线尽量短，以减小阻抗；特殊情况下，如射频天线、延时走线等，需要增加走线长度。

● 宽度 W：会影响导线的阻抗大小和载流能力。线的宽度太小，则电阻大，会影响电路性能；线的宽度太大，则会影响布线密度，增加成本。

● 厚度 D：指制造 PCB 时铜箔的厚度，会影响导线的导电能力。铜箔越厚，导电能力越好，但是 PCB 的成本越高。

1.7.2　布线的基本操作

布局的操作对象是元件封装，而布线的操作对象是元件封装的焊盘。网表导入后，软件已经为所有元件封装的焊盘分配了连接关系，并用鼠线表示，布线则会使用真实的金属线路，实现焊盘之间的连接关系。

布线的基本操作包括参数设置和绘制连线两个主要步骤。

1. 参数设置

工程师在开始布线前,需要设置默认线宽和最小线间距等相关参数。默认线宽是布线过程中走线的默认宽度,最小线间距是线与线之间的最小安全距离,如图 1-33 所示。线宽越大,线的电阻越小,载流能力也越强;线间距越大,线与线之间的相互影响越小。在布线空间允许的情况下,线宽和线间距的值越大越好。在实际 PCB 设计中,需要综合考虑布线空间、制造能力和焊盘宽度等因素设定默认线宽和最小线间距。

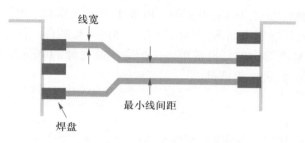

图 1-33　布线的线宽和最小线间距

在业内,PCB 布线普遍采用"密尔"作为计量单位,而非毫米。密尔(mil)属于英制单位,1 mil=0.001 in(英寸),而 1 in=25.4 mm,经过换算可知,1 mil=0.025 4 mm。本项目中,默认线宽设置为 30 mil,最小线间距设置为 6 mil。

2. 绘制连线

因为布线的对象是焊盘,在软件中选中待连接焊盘后,执行连线命令(一般通过按快捷键实现),就可以引出一条默认线宽的连线,连接到另一个焊盘即可完成一条线路的绘制。图 1-34 所示为按键控制 LED 电路的 PCB 布线图,焊盘之间使用宽度为 30 mil 的线相连。

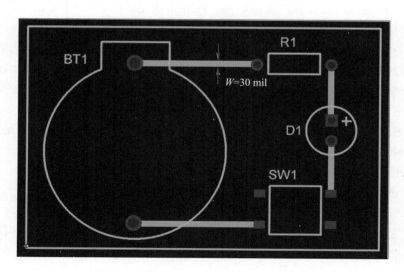

图 1-34　按键控制 LED 电路的 PCB 布线图

视频
按键控制 LED 电路
的 PCB 布线

● PADS

● Altium Designer

● 嘉立创 EDA

1.8 后续处理

PCB 布局、布线完成后,PCB 的设计并没有完成,还需要进行一系列的后期处理工作,主要包括导出元件清单、规范元件标号和导出制造文件三个步骤。

1.8.1 导出元件清单

元件清单(Bill of Materials)简称为 BOM 表,是从原理图导出的一份包含元件标号、型号、数量和封装等信息的清单文件。PCB 工程师在绘制原理图的时候,必须和采购工程师等相关人员确定电路所用到的所有元件的可采购性。图 1-35 所示为从按键控制 LED 电路原理图导出的元件清单。一份完整的元件清单还需要提供元件的封装形式、制造商、采购商、价格等信息。

Bill Of Materials				
Item	Quantity	Reference	Part	PCB Footprint
1	1	BT1	CR2032	CR2032
2	1	D1	LED	LED
3	1	R1	150	DIP_R
4	1	SW1	SWITCH	KEY

图 1-35 按键控制 LED 电路的元件清单

1.8.2 规范元件标号

在元件焊接环节,元件标号是技术人员查找元件安装位置的重要依据,不规范、甚至错误的元件标号可能导致严重的后果。PCB 布线完成后,一个重要的工作是将元件标号的字体、大小和位置进行规范化。

元件标号以丝印的方式制造,一般采用白色油墨,其字体和大小没有严格规定,可以根据 PCB 的空间适当调整。但需要注意,过细的字体线宽会影响制造出来的 PCB 丝印的清晰度,甚至无法生产。根据目前行业的 PCB 制造水平,元件标号的丝印线宽不能小于 5 mil。

元件标号的位置和朝向需要谨慎处理,不能随意放置。参照图 1-36,元件标号的一般放置规则如下:

- 标号位于元件上方,垂直压着元件。
- 标号的数字一端朝向元件。
- 标号数字一端的朝向在一个 PCB 里不要超过两个方向。

在放置元件标号时,可以暂时关闭显示已经绘制好的"线",元件标号可以印制在金属线路上。

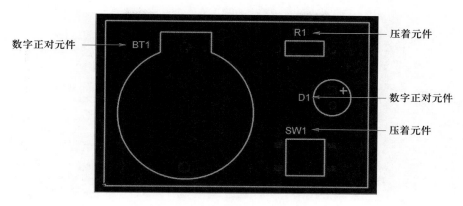

图 1-36　元件标号的一般放置规则

视频

按键控制 LED 电路的后续处理

● OrCAD+PADS

● Altium Designer

● 嘉立创 EDA

1.8.3　导出制造文件

PCB 设计完成后,制造文件的一种交付方式是直接将 PCB 源文件发给制板工厂,进行 PCB 的加工生产。但这种方式是不规范的,而且存在隐患。直接交付的源文件不仅存在泄密的可能,而且由于软件版本差异和盗版软件等原因,可能导致工厂打开的文件与原文件存在差异,这种差异在高精度的 PCB 加工过程中将会导致灾难性的后果。

一种规范的做法是从 PCB 导出制造文件,作为工程师与制板工厂之间的数据交互文件。制造文件类似于传统相机的胶卷,是将 PCB 图按照一定的分类规则导出的多张图纸。图纸之间的独立性能够有效保护电路的元件和连接信息,而制板工厂根据这些图纸就可以完成 PCB 的制造。

3D 模型

按键控制 LED 电路 PCB 的 3D 模型

制造文件的导出涉及较多工艺知识,因此这里不进行该步骤的操作,相关知识将在后续项目中介绍。

至此,你已经顺利完成了一个 PCB 项目的完整设计流程。通过这个简单的电路,你在完成 PCB 设计流程的同时,还熟悉了软件的基本设置和使用。PCB 设计的能力和水平需要从一个又一个的项目实践中积累和提高,希望你可以静下心来,扎实根基,规范设计流程。

从下一个项目开始,书中将会逐渐减少对已知软件操作的讲解,而是将重点集中在新的元件、新的工艺知识和新的软件操作技巧上。如果你已经准备好了,那就进入下一个项目的学习吧!

项目 2

功率放大电路

钝学累功，将勤补拙

"钝学累功"一词出自北齐颜之推的《颜氏家训·文章》："钝学累功，不妨精熟。"意思是不聪明的人只要刻苦学习，也能取得成就。PCB 设计的学习亦是如此，并不需要天资聪颖、智力超群，更需要的反而是耐心和坚持。

项目 1 中通过一个入门难度的项目实践了 PCB 设计的主要流程，如图 2-1 所示。本项目将按照相同的流程，完成一个难度有所提高的功率放大电路。

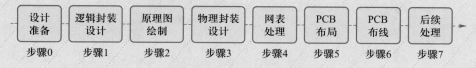

图 2-1　PCB 设计的主要流程

2.1　电路结构与原理

　　PCB 设计的起点是设计准备,包括明确项目设计要求、了解项目概况和建立项目资料目录三项工作,其中明确项目设计要求和建立项目资料目录两项工作的内容已在项目 1 中介绍过,这里主要介绍功率放大电路的项目概况。

　　功率放大电路是一种以输出大功率为目的,将小信号放大,直接驱动负载的电路,其结构如图 2-2 所示。功率放大电路通常作为多级放大电路的输出级,例如驱动扬声器发声。

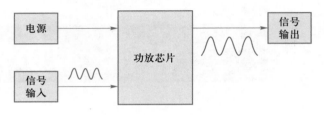

图 2-2　功率放大电路的结构

　　图 2-3 所示为功率放大电路的连接示意图,该电路以飞利浦公司的 TDA7052 芯片为核心,并包含电容、电位器等外围元件。电源信号经过两个电容滤波后,为功放芯片 TDA7052 提供电压。输入信号经过电容隔离直流后连接到芯片的信号输入引脚,电位器用于调节输入信号的强度。放大后的信号通过芯片的 OUT+ 和 OUT- 两个引脚输出。

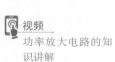
视频
功率放大电路的知识讲解

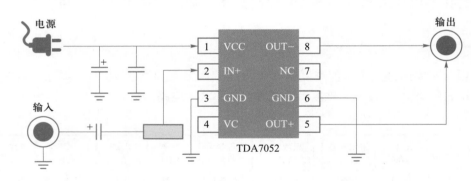

图 2-3　功率放大电路的连接示意图

2.2　逻辑封装设计

2.2.1　电容的逻辑封装设计

　　电容是现代电子系统里的基本元件,本项目电路中使用了电解电容和瓷片电容两种类型的电容,其中电解电容属于极性元件,区分正负极;瓷片电容属于非极性元件,不区分正负极。图 2-4 所示为三种常见的电容逻辑封装形式。

电容的逻辑封装一般可以从软件自带的库中找到。需要注意的是,为了正确区分极性电容的正负极,在调用时必须确认封装遵守相同的引脚命名规则。与项目 1 中的纽扣电池座和 LED 类似,极性电容在命名引脚的序号时也要遵守"1 正 2 负"的规则,同时引脚的序号不能隐藏。非极性电容不区分正负端,因此在逻辑封装上不需要显示引脚的序号,如图 2-4 所示。

(a) 极性电容　　(b) 非极性电容　　(c) 可调电容

图 2-4　三种常见的电容逻辑封装形式

2.2.2　电位器的逻辑封装设计

电位器也称为可调电阻,是一种可以改变阻值的电子元件。本项目电路中采用了一个带旋钮的电位器,用来对输入信号的强度进行调整。电位器的逻辑封装一般可以在软件自带的元件库中找到。

需要注意的是,对于从现有库中调取的元件,必须进行核对和修改,确保其与元件的实际情况相符。例如,图 2-5 左侧是从 OrCAD 软件库中调取的电位器逻辑封装,其调节端是 2 号引脚。图 2-6 所示为本项目电路中所使用电位器的引脚说明,其调节端是 3 号引脚。原封装的引脚分布与实物不一致,因此需要对电位器逻辑封装的引脚进行调整,如图 2-5 右侧所示。

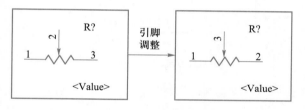

图 2-5　电位器逻辑封装的核对和修改

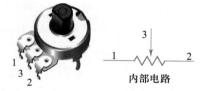

内部电路

图 2-6　本项目电路中所使用
电位器的引脚说明

作为一个严谨的 PCB 工程师,对于现有的设计资料,都要保持一种"怀疑"的态度,逐一核对。这种严谨的习惯,不仅会让你减少犯错,在潜移默化中也会让你在其他方面更优秀。

2.2.3　TDA7052 芯片的逻辑封装设计

芯片,学术名称为集成电路(Integrated Circuit,IC),是一个内部包含了若干电子元件,具有特定功能的微型电路元件。芯片逻辑封装的设计必须严格按照芯片数据手册(Datasheet)的相关定义进行。图 2-7 所示为 TDA7052 芯片的引脚功能描述,该芯片一共有 8 个引脚,每个引脚具有其特定的功能,并按照逆时针的顺序排列。

根据上述信息,图 2-8 中给出了 TDA7052 芯片逻辑封装的两种设计方案,两个封装的外形稍有不同,但引脚数量和引脚的序号是相同的。对于元件的逻辑封装来说,引脚数量和引脚的序号是关键,影响到具体的电路连接,而外形与电气连接属性无关,更多的是一种元件的形象表达。

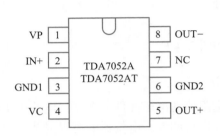

引脚序号	引脚名称	功能描述
1	VP	电源供电
2	IN+	信号输入
3	GND1	信号地
4	VC	直流控制
5	OUT+	正相输出
6	GND2	电源地
7	NC	不连接
8	OUT−	反相输出

图 2-7　TDA7052 芯片的引脚功能描述

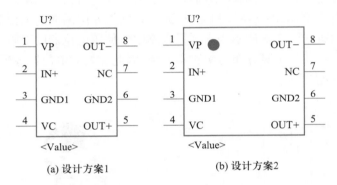

图 2-8　TDA7052 芯片逻辑封装的两种设计方案

2.2.4　单列直插排针的逻辑封装设计

功率放大电路的逻辑封装设计
● OrCAD

● Altium Designer

● 嘉立创 EDA

本项目使用常规的单列直插排针,作为电源、输入和输出三端的接头,其安装效果如图 2-9 所示。

单列直插排针的引脚有两个,其逻辑封装可以设计成多种样式,确保引脚数量和引脚的序号正确即可。图 2-10 所示为单列直插排针逻辑封装的两种设计方案。

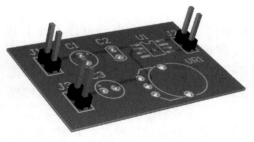

图 2-9　单列直插排针的安装效果

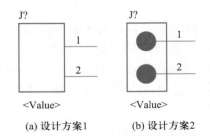

图 2-10　单列直插排针逻辑封装的两种设计方案

2.3 原理图绘制

图 2-11 所示为功率放大电路的原理图,绘制过程中使用了电源符号和放置文本两个新技巧。

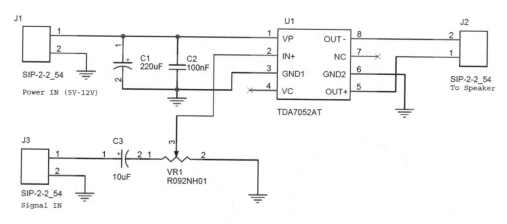

图 2-11 功率放大电路的原理图 [①]

2.3.1 电源符号

在原理图绘制过程中,电源网络(接地属于电源网络)通常是连接端点最多的网络,如果都使用导线连接,会导致原理图非常凌乱。电源符号可以很好地解决这个问题,图 2-12 所示为常用的 4 种电源符号。

电源符号的本质是一个带网络名的符号,不管符号的外形怎样,只要名称一样,都属于同一个网络。例如图 2-12 中,A、B 两个符号虽然外形不同,但名称都是 VCC,因此属于同一网络,在电气属性上是相连的;C、D 两点由于网络名称不同,因此属于不同网络,在电气连接上是断开的。

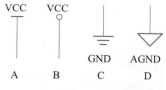

图 2-12 常用的 4 种电源符号

利用电源符号,可以大大减少原理图中的连线数量,提高页面的整洁性和可读性。图 2-13 所示为功率放大电路原理图中电源符号的使用。

2.3.2 放置文本

在原理图中放置文本,是原理图绘制过程中的常用操作。原理图中的文本没有电气属性,不会影响电路的连接关系,主要用作原理图的阅读提示。例如,图 2-14 中,单列直插排针 J1 的旁边放置有一个文本,内容是"Power IN (5V-12V)",用于提示电源电压的输入范围是 5~12 V。

视频
功率放大电路的原理图绘制
• OrCAD

• Altium Designer

• 嘉立创 EDA

---

① 软件中所采用的图形符号和文字符号因受软件中元件库的限制,与国标符号不完全一致,请读者注意理解。

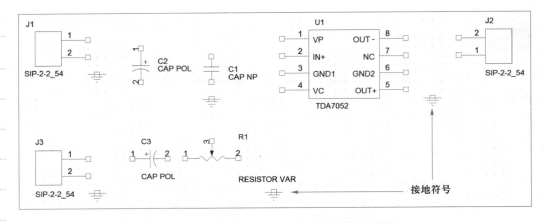

图2-13　功率放大电路原理图中电源符号的使用

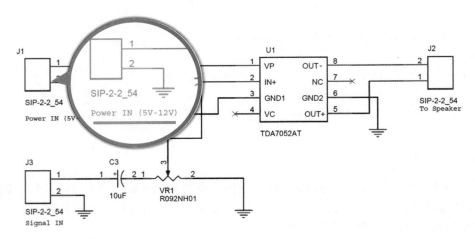

图2-14　原理图中的文本

2.4　物理封装设计

视频
功率放大电路的物
理封装设计
● PADS

● Altium Designer

● 嘉立创EDA

本节将会介绍电解电容、瓷片电容、电位器等多个新元件的物理封装设计方法,同时介绍更多新的设计技巧。

2.4.1　电解电容的选型和物理封装设计

电容在电路中一般起到耦合、滤波、去耦、旁路等作用,其中电解电容是最常用的一类极性电容,如图2-15所示。电解电容的外形一般为圆柱体,根据电容值和耐压值的不同,圆柱体大小也不同。电解电容的内部具有储存电荷的电解质材料,分正、负两极,不可反接。电解电容的封装形式主要包括直插型和贴片型两种。

电解电容物理封装设计的第一步是根据电容值和工作电压值确定尺寸。图2-16所示为功率放大电路中的两个电解电容,电容值分别为220 μF和10 μF。根据电路文本提示,电源最大的输入电压为12 V,因此电容的耐压值必须大于12 V。

(a) 直插型　　　　　　(b) 贴片型

图 2-15　常见的电解电容

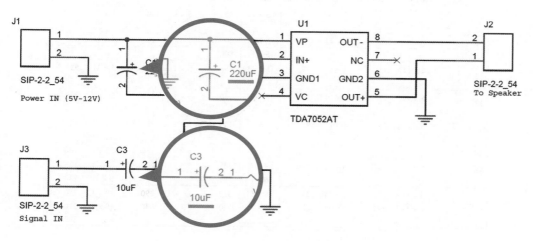

图 2-16　功率放大电路中的两个电解电容

图 2-17 所示为某品牌电解电容的规格图纸,其中给出了多种尺寸及参数。设计物理封装时主要需要确定圆柱体直径(D)、两个引脚的间距(F)和引脚的直径(d)三个参数,这些参数需要根据电容值和工作电压值来确定。

D	F	d
4.0	1.5	0.45
5.0	2.0	0.5
6.3	2.5	
8.0	3.5	
10.0	5.0	0.6
12.0		
13.0		
16.0	7.5	0.8
18.0		
22.0	10.0	0.8

$L \leqslant 16 : L + 1.5$ MAX
$L > 16 : L + 2$ MAX
$D = 8 \& 10 : L + 2.5$

0.4 MAX
15 MIN
5 MIN

$D < 20 : D + 0.5$
$D \geqslant 20 : D + 1$

图 2-17　某品牌电解电容的规格图纸(单位:mm)

图 2-18 所示为该品牌电解电容的选型表。以 220 μF 电容为例,选型过程如下:第一步,根据电容值选定行,如图中方框①所示。第二步,根据工作电压值选定列。电路电源电压的最大值为 12 V,考虑保留一定的余量,同时兼顾成本,工作电压为 16 V

的电容是相对合适的选择,如图中方框②所示。从图中两方框行列交叉处可知,满足 220 µF、16 V 条件的电解电容有 6×11 和 8×11 两种尺寸。本项目选择稍小的 6×11 尺寸。对照图 2-17,6×11 尺寸是指圆柱体直径 D=6.3 mm,长度 L=11 mm,两个引脚的间距 F=2.5 mm,引脚的直径 d=0.5 mm。

CAP. (µF)	RATED VOLTAGE W V				②					
	6.3 SIZE	RIPPLE	10 SIZE	RIPPLE	16 SIZE	RIPPLE	25 SIZE	RIPPLE	35 SIZE	RIPPLE
4.7			5×11	20	5×11	25	5×11	30	5×11	35
6.8										
10			5×11	35	5×11	40	5×11	50	5×11	60
15					5×11	50				
22	5×11	35	5×11	55	5×11	75	5×11	90	5×11	95
33	5×11	55	5×11	80	5×11	110	5×11	115	5×11	120
47	5×11	75	5×11	95	5×11	130	5×11	135	5×11	130
									6×11	140
68							6×11	160	8×11	180
100	5×11	130	5×11	180	5×11	185	6×11	200	6×11	185
					6×11	185			8×11	230
220	5×11	200	5×11	215	6×11	320	8×11	290	10×12	370 ①
	6×11	240	6×11	250	8×11	320	10×12	340	10×15	370
									10×15	290

图 2-18 某品牌电解电容的选型表

根据上述参数,就可以开始设计物理封装了。电解电容物理封装的设计方法与项目 1 的 1.4.4 节中 LED 物理封装的设计方法相同,这里不再赘述。图 2-19 所示为电解电容的物理封装设计,其设计要点如下:

- 引脚数量:2(对应逻辑封装,序号分别为 1 和 2,其中 1 号引脚为正极)。
- 焊盘类型:圆形焊盘,内直径约等于 d+0.5 mm。
- 焊盘间距:2.5 mm。
- 元件外形:直径为 6.3 mm 的圆,并标示 1 号引脚为正极。

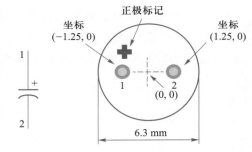

图 2-19 电解电容的物理封装设计

按照相同的过程,可以确定电路中另一个电解电容 C3(10 µF、16 V)的尺寸为 5×11,对照图 2-17,制作其物理封装所需的三个参数分别为:D=5.0 mm、F=2.0 mm、d=0.5 mm。

2.4.2 瓷片电容的选型和物理封装设计

瓷片电容是一种用陶瓷材料作为介质,在陶瓷表面涂覆一层金属薄膜,再经高温烧结而成的电容器。瓷片电容是电子电路常用的一类非极性电容,其封装形式以直插型为主,如图 2-20 所示。瓷片电容的电容值和工作电压值一般标示于电容体上,其中电容值采用科学计数法表示,单位默认为 pF。例如,104 表示 10×10^4 pF,转换为常用单位是 0.1 μF 或者 100 nF。

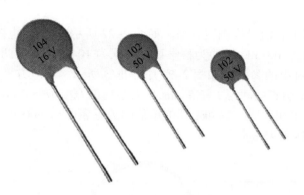

图 2-20 直插型瓷片电容

图 2-21 所示为某品牌瓷片电容的选型表,选型过程如下:

第一步,根据电容材质选定列区域。常见的材质代码及其编号有 Y5P(2B)、Y5U、Z5U(2E)、Y5V(2F)等,具体含义这里不作展开,感兴趣的读者可以查阅相关资料深入了解。本项目电路选用 Y5P 材质的瓷片电容,定位区域如图 2-21 中方框①所示。

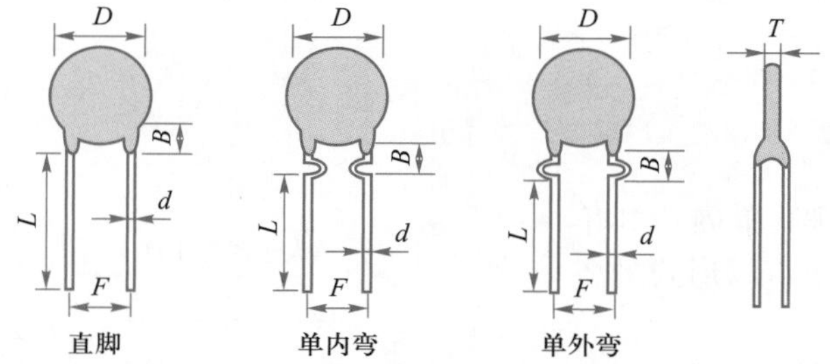

电压	L	d	B
<500 V	20	0.38~0.45	≤3.0
≥500 V		0.5~0.6	≤5.0

直脚   单内弯   单外弯

材质类别	额定直流电压	标准电容量					尺寸/mm		
		2B/2X	2R	BN	2E	2F	F	D_{max}	T_{max}
Ⅱ类	50 V	101~152	/	/	222~502	102~103	2.5	5.0	2.6
		182~332	/	/	822~103	103	5.0	6.5	4.0
		392~562	/	/	/	103~153	5.0	8.0	4.0
		682	/	/	/	153~223	5.0	10.0	4.0
		822~103	/	/	/	/	5.0	12.5	4.0
Y5P Y5U Z5U Y5V	500 V	101~561	/	/	102~222	102~332	5.0	5.5	4.0
		681~122	/	/	272~392	392~562	5.0	6.5	4.0
		152~272	/	/	472~682	682	5.0	8.0	4.0
		332~392	/	/	103~123	822~103	5.0	10.0	4.0
		472~682	/	/	123~223	123~223	5.0	12.5	4.0
		822~103	/	/	/	333	5.0	14	4.0

图 2-21 某品牌瓷片电容的选型表

第二步,根据工作电压值选定行区域。根据图 2-21,该系列电容的最小工作电压达到 50 V,足以满足本项目电路最高工作电压 12 V 的要求,确定行区域如图 2-21 中方框②所示。

第三步,根据电容值最终确定规格。如图 2-22 所示,本项目电路中仅使用一个瓷片电容,其电容值为 100 nF,转换为科学计数形式为 104。结合前两步确定的区域,可以得到该电容值对应的参数值如图 2-21 中方框③所示。对应方框③这一行,可以得到该瓷片电容两个引脚的间距 F=2.5 mm,电容主体的宽度 D=5.0 mm、厚度 T=2.6 mm。同时,根据图中右上角引脚直径和工作电压值的关系表可知,500 V 以下工作电压的电容引脚直径 d=0.38~0.45 mm。

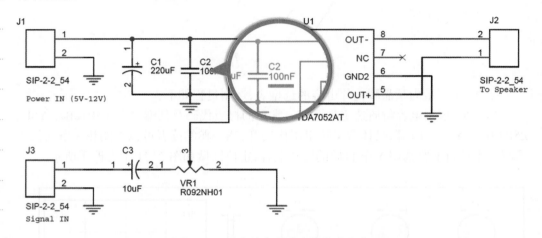

图 2-22 功率放大电路中的瓷片电容

最后,瓷片电容的外形有直脚、单内弯和单外弯三种形式,本项目电路中采用直脚形式的瓷片电容。

图 2-23 所示为瓷片电容的物理封装设计,与电解电容不同,瓷片电容的两个引脚不区分正负极,只要确定焊盘的序号和逻辑封装对应,圆形焊盘的孔径和间距正确即可。

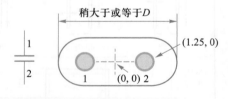

图 2-23 瓷片电容的物理封装设计

2.4.3 电位器的物理封装设计

图 2-24 所示为 4 种常见的电位器。在阻值的调整上,部分电位器需要借助螺丝刀等工具,例如图 2-24(a)、(d)所示的电位器;部分电位器自带调节旋钮,方便手持操作,例如图 2-24(b)、(c)所示的电位器。本项目电路中使用图 2-24(b)所示的电位器作为输入信号强度的调整元件,其规格图纸如图 2-25 所示。

图 2-25 中给出了建议的物理封装参数,图中的 3-ϕ1.0 表示下方三个圆形焊盘的内直径为 1.0 mm,2-ϕ1.2 表示上方两个圆形焊盘的内直径为 1.2 mm。在设计原点的选择上,选择上方两个焊盘的水平中心为坐标原点是一种比较合适的方案。电位器的物理封装设计如图 2-26 所示。

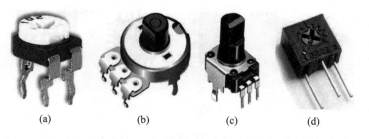

图 2-24　4 种常见的电位器

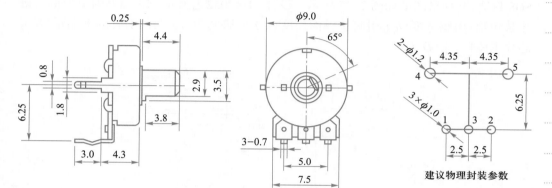

建议物理封装参数

图 2-25　电位器的规格图纸(单位:mm)

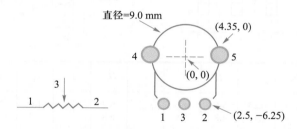

图 2-26　电位器的物理封装设计

对照电位器的逻辑封装和物理封装,4、5 号焊盘在原理图封装上并没有引脚与之相对应,这种情况是不严谨的,但在 PCB 设计过程中是允许的。网表导入时,该物理封装的 4、5 号焊盘无法对应逻辑封装的引脚,将会被悬空,不连接到任何网络。在一些设计中,需要将元件的外壳接地,那就需要在原理图封装中增加相应引脚,并将这些引脚连接到地网络。

2.4.4　TDA7052 芯片的物理封装设计

芯片作为现代电子产品设备的核心元件,其封装形式多样,在直插型和贴片型两个大类别下,还有多种物理封装形式。一些常见的芯片封装形式如图 2-27 所示。

- DIP:Dual In-Line Package,双列直插封装。
- SOP:Small Out-Line Package,小外形封装。
- QFP:Quad Flat Package,方型扁平式封装。
- BGA:Ball Grid Array,球状引脚栅格阵列封装。

图 2-27   一些常见的芯片封装形式

功率放大电路中的 TDA7052 芯片的封装形式为 SOP,引脚数量为 8,一般简称为 SO8 封装,其规格图纸如图 2-28 所示。设计 TDA7052 芯片的物理封装时需要的关键参数包括:引脚宽度(b_p),引脚接触面长度(L_p),引脚间距(e),两列引脚的末端距(H_E),芯片主体长、宽(D、E)。

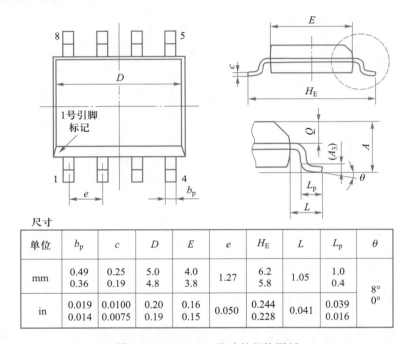

尺寸

单位	b_p	c	D	E	e	H_E	L	L_p	θ
mm	0.49 0.36	0.25 0.19	5.0 4.8	4.0 3.8	1.27	6.2 5.8	1.05	1.0 0.4	8° 0°
in	0.019 0.014	0.0100 0.0075	0.20 0.19	0.16 0.15	0.050	0.244 0.228	0.041	0.039 0.016	

图 2-28   TDA7052 芯片的规格图纸

图 2-28 中没有直接给出建议的物理封装参数,需要工程师根据一定的设计方法和经验进行设计。详细的设计方法如下:

1. 确定焊盘尺寸

贴片焊盘是承载芯片引脚的接触点,根据图 2-28,芯片引脚宽度 b_p 的范围为 0.36~0.49 mm,取最大值 0.49 mm 作为焊盘的宽度;芯片引脚接触面长度 L_p 的范围为 0.4~1.0 mm,取最大值 1.0 mm 的 2 倍,即 2.0 mm 作为焊盘的长度,如图 2-29 所示。

2. 计算焊盘位置坐标

焊盘尺寸确定后,接下来需要计算每一个焊盘的位置坐标。图 2-30 所示为 SO8 封装焊盘位置坐标的计算,详细过程如下:以芯片的中心为原点,计算 1 号焊盘的 x 坐标应为 $-3e/2$,其中 e 为芯片引脚间距。1 号焊盘的 y 坐标由芯片两列引脚的末端距计算,末端距为两列焊盘的中心距,因此 1 号焊盘的 y 坐标应为 $-H_E/2$,其中 H_E 取其范围 5.8~6.2 mm 的平均值,即 6.0 mm。综上,可以计算出该封装 1 号焊盘的坐标为 (−1.905, −3)。其他焊盘的位置坐标可根据芯片引脚的相对距离进行计算。

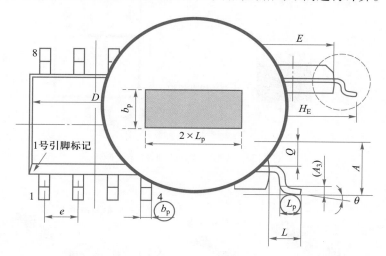

图 2-29 SO8 封装的焊盘设计

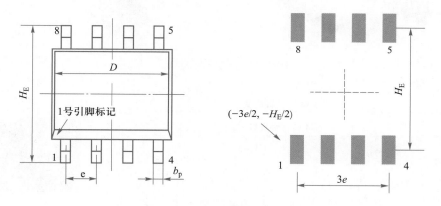

图 2-30 SO8 封装焊盘位置坐标的计算

3. 绘制外形丝印

物理封装设计的最后一步是绘制 SO8 封装的外形丝印。根据 TDA7052 芯片的规格图纸,芯片主体的长度 D 取其范围 4.8~5.0 mm 的最大值,即 5.0 mm;芯片主体的宽度 E 取其范围 3.8~4.0 mm 的最大值,即 4.0 mm。综上,绘制一个 5.0 mm × 4.0 mm 的矩形作为 SO8 封装的外形丝印,如图 2-31 所示。另外,该封装是一个对称的形式,缺少芯片焊接方向的标识。一般做法是在 1 号焊盘旁边添加标识,表示芯片的焊接方向。

2.4.5 单列直插排针的物理封装设计

排针是电子电路中常用的一类低成本连接元件,主要分为单列排针和双列排针两种,其连接方式又主要分为直插和 90° 弯折两种,如图 2-32 所示。常用的排针有 2.54 mm 和 2.0 mm 两种间距,功率放大电路中使用 2.54 mm 间距的单列直插排针,其规格图纸如图 2-33 所示。

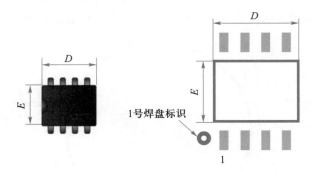

图 2-31　SO8 封装的外形丝印绘制

图 2-32　常见的排针类型

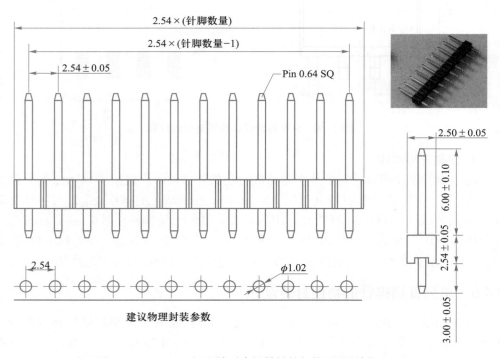

图 2-33　2.54 mm 间距单列直插排针的规格图纸(单位:mm)

图 2-33 中不仅标示了单列直插排针的实物尺寸,同时给出了建议的物理封装参数。根据图纸,引脚数量为 2 时,单列直插排针的实体长度是 2.54×2 mm=5.08 mm,宽度是 2.5 mm。单列直插排针物理封装的两个焊盘形状为圆形,内直径为 1.02 mm,焊盘间距为 2.54 mm。图 2-34 所示为单列直插排针的物理封装设计。

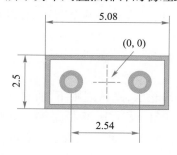

图 2-34　单列直插排针的物理封装设计

2.5　网表处理

　　项目 1 中介绍了网表处理的三个主要步骤:写入物理封装信息、网表导出和网表导入。本节重点讲解"写入物理封装信息"这一步骤,这是网表后续能够正确导出和导入的关键。

　　物理封装信息是将原理图与元件实物联系起来的关键,其本质是指物理封装在库中保存的名称,相当于调用的索引。图 2-35 所示为元件物理封装信息写入的示例,以本项目电路中的 TDA7052 芯片为例,其在库中保存的物理封装名称为 SO8,这就是该元件的物理封装信息。在原理图中找到 TDA7052 芯片的逻辑封装,编辑其属性,在"物理封装"信息栏中填写"SO8",就完成了该元件物理封装信息的写入。

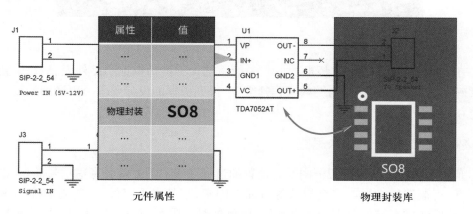

图 2-35　元件物理封装信息写入的示例

　　原理图是电路元件连接关系的图形表示,它的主要作用是告诉设计软件,电路中有哪些元件,以及元件间的连接关系。PCB 工程师要确保元件的准确性。逻辑封装和物理封装是元件在 PCB 设计过程中的不同表示,PCB 工程师在写入物理封装信息时,应该仔细核对二者的正确性,例如引脚数量和引脚的序号等。

视频
功率放大电路的网
表处理

● OrCAD+PADS

● Altium Designer

● 嘉立创 EDA

2.6 PCB 布局

项目 1 中介绍了基本的 PCB 布局方法,包括绘制板框和放置元件等。本节将重点讨论板框的概念、PCB 布局的基本思路两个新知识,以及鼠线隐藏和网络的高亮显示两个新技巧。

2.6.1 板框的概念

板框是指 PCB 具体的外形轮廓,默认规则下,所有元件必须放置于板框内部。在项目 1 按键控制 LED 电路的 PCB 设计中,板框是一个规则的矩形,而在实际设计中,板框的形状一般是不规则的。图 2-36 所示为华为 AP08Q 移动电源的 PCB,其板框的形状是不规则的。

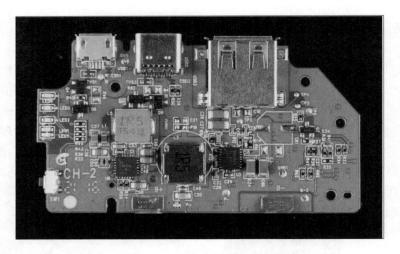

图 2-36   华为 AP08Q 移动电源的不规则形状 PCB

在实际的 PCB 设计中,板框的形状一般由结构工程师根据产品外壳、端口位置等因素确定。PCB 工程师要与结构工程师交互,得到板框的设计要求。更详细的设计方法将在后续项目中学习。

2.6.2 PCB 布局的基本思路

布局是将元件摆放至板框内适合位置的过程。布局需要综合考虑信号质量、电磁兼容性、可制造性、结构、安全规范等方面的因素,其基本思路如下:首先明确 PCB 的尺寸;然后考虑有结构要求的元件和区域,例如是否限高、限宽、打孔、开槽等;再根据信号的流向和核心元件进行模块布局。

功率放大电路比较简单,并没有结构和特殊元件的要求,因此可以根据元件的数量大致估算 PCB 的尺寸。此外,元件的总体布局一般按照信号的流向进行规划,遵从从左到右、从上到下的规则,如图 2-37 所示。当然,这个方向不是绝对的,在实际操作中,可以根据结构、接口等因素进行调整。但在同一个 PCB 中,信号的流向一般都遵守相同的方向。

按照上述布局思路,根据原理图的电路
模块,可以得到功率放大电路的 PCB 布局方
案,如图 2-38 所示。

确定整体布局后,需要将各电路模块的
元件,按照信号的流向和尽量减小连线长度
的原则进行放置。例如,电源模块包括 J1、C1
和 C2 三个元件,电源信号经 J1 接入,再经过
C1 和 C2 滤波后,送至芯片 U1 的 1 号引脚。滤波电路的基本布局规则是靠近电源引
脚放置,可以得到电源模块的布局,如图 2-39 所示。

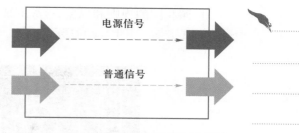

图 2-37 根据信号的流向进行布局规划

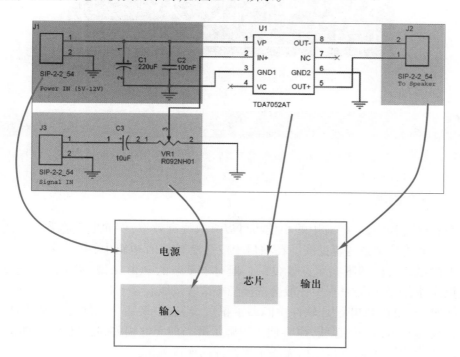

图 2-38 功率放大电路的 PCB 布局方案

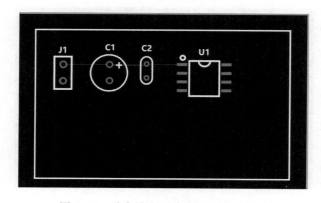

图 2-39 功率放大电路电源模块的布局

　　按照相同的规则和思路,继续完成输入和输出模块的布局,得到功率放大电路的最终布局方案,如图 2-40 所示。

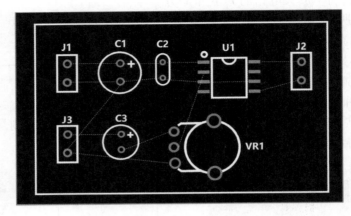

图 2-40   功率放大电路的最终布局方案

注　　意

PCB 布局方案不是唯一的,只要遵守正确的布局规则,就能得到合理的布局方案。

2.6.3　鼠线隐藏

　　在布局过程中,一些有用的小技巧可以有效提高效率,例如鼠线隐藏。鼠线是指示焊盘之间连接关系的辅助线。在项目 1 按键控制 LED 电路中,由于只有 4 个元件,PCB 上的鼠线可以清晰指示连接关系。但对于复杂的 PCB 来说,凌乱的鼠线反而会干扰视线,因此在布局过程中一般会选择隐藏这些鼠线。

　　同时,即使在 PCB 设计软件中隐藏了鼠线,当选中某一个元件进行移动时,软件还是会动态显示相关的鼠线,以方便工程师了解当前元件相关的连接情况,如图 2-41 所示,因此不用担心隐藏鼠线后无法了解元件的连接关系。

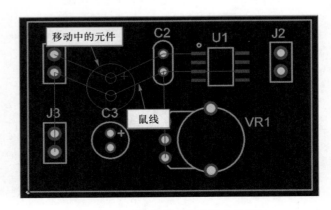

图 2-41   元件移动时鼠线的动态显示

2.6.4　网络的高亮显示

在 PCB 设计软件中,布局、布线的界面需要显示封装、走线、过孔和板层等多种对象,会给人眼花缭乱的感觉,此时,颜色设置是降低画面干扰、提高设计效率的重要技巧,本节将重点介绍网络的高亮显示这一技巧。网络是指在 PCB 中同一个连接关系焊盘的组合。一些特殊网络,例如电源网络和地网络,一般具有多个连接点,通过颜色设置,在布局时将这些网络相关的焊盘进行高亮显示,能够让 PCB 工程师快速、清晰地了解该网络的分布,提高设计效率。图 2-42 所示为功率放大电路中设置为绿色的地网络,高亮显示后,该网络相关的焊盘一目了然(扫描边栏二维码可查看彩色图片)。

视频
功率放大电路的
PCB 布局

● PADS

● Altium Designer

● 嘉立创 EDA

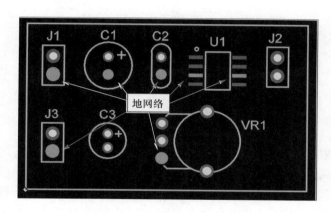

图 2-42　设置为绿色的地网络

图片
设置为绿色的地
网络

2.7　PCB 布线

PCB 布局基本完成后的下一个步骤是 PCB 布线。在项目 1 按键控制 LED 电路的 PCB 布线步骤中,介绍了布线的基本操作,包括线宽、线距的设置,以及简单的连线操作。在实际设计中,根据线的功能不同,线的宽度和连接方式也不同。本节将重点介绍普通信号线、电源线、走线孔和铺铜 4 个新知识。

2.7.1　普通信号线和电源线

1. 普通信号线

普通信号线一般是 PCB 中占比最多的走线类型。连通是对普通信号线的基本要求,而对线的长度、宽度、阻抗等参数一般没有严苛的要求,只要符合基本的工艺规范和可制造性要求即可。图 2-43 中给出了普通信号线的布线示例。

对于普通信号线,基本的布线原则如下:

● 普通信号线要尽量短且直。例如图 2-43 中 A、B 两点之间的连线,在空间允许的情况下,应尽量以直线形式相连。

● 不使用锐角或直角走线,以尽量减少由于线宽变化导致的阻抗突变。例如

图 2-43 中 C、D 两点之间的连线，在不能水平或垂直直接相连的情况下，需要使用 135° 的方式进行角度变换，不能使用锐角或直角。

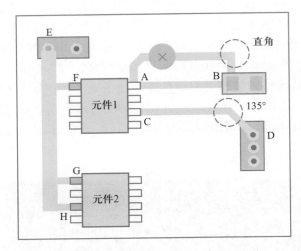

图 2-43   普通信号线和电源线的布线示例

2. 电源线

电源线是 PCB 非常重要的线类型。在布线空间允许的情况下，电源线要尽量宽且短，一是可提高载流能力，二是可减小线路的电阻，进而降低电压在线路上的损耗。例如图 2-43 中 E 点到 F、G、H 三点的连线是电源线，其宽度明显大于普通信号线。

根据上述原则，可以完成功率放大电路 PCB 中除地网络之外的布线，如图 2-44 所示。电源线的宽度设置为 50 mil，普通信号线的宽度为 20 mil。走线在进行角度切换时，均采用 135° 方式。

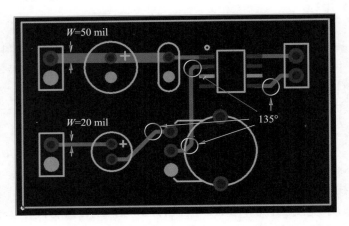

图 2-44   功率放大电路 PCB 中的电源线和普通信号线

2.7.2   走线孔

PCB 中的孔分为元件孔和走线孔两种。元件孔是指元件封装中的通孔焊盘，本项目中的电解电容、瓷片电容、电位器和单列直插排针 4 个元件的焊盘均属于元件孔。走线孔是在布线过程中,为了连接不同层之间的线路,而临时增加的一种金属孔,一般为圆形。图 2-45 所示为元件孔和走线孔的实物图。

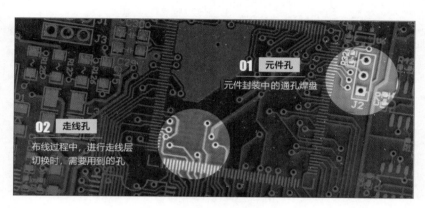

图 2-45　元件孔和走线孔的实物图

　　线在电路板不同层之间切换时,需要用孔来过渡,因此走线孔一定是金属孔,内壁镀铜。图 2-46 所示为走线孔的原理示意图,A 点在 PCB 的顶层(Top),B 点在底层(Bottom),A 点到 B 点的走线必须通过一个内壁镀铜的孔来完成连接。走线孔一般称为过孔(Via)。

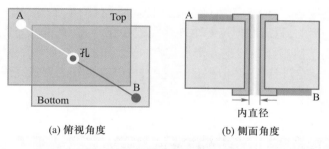

(a) 俯视角度　　　　(b) 侧面角度

图 2-46　走线孔的原理示意图

　　在使用走线孔之前,首先需要设置走线孔的尺寸,主要包括内直径和外直径两个参数。图 2-47 所示为走线孔的尺寸设置示意图,内直径的大小一般由工程师根据经验,结合线宽、布线空间等因素进行设定。需要注意的是,内直径的值不能过小,按照目前的制造工艺,一般不小于 6 mil。走线孔的焊环不能小于 4 mil,要求外直径必须大于内直径 +8 mil。本项目电路的 PCB 设计中使用了一个走线孔,用于 TDA7052 芯片 3、6 号引脚与地网络的连接。走线孔的内直径为 37 mil,外直径为 55 mil。

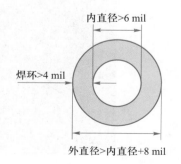

图 2-47　走线孔的尺寸设置示意图

对于芯片 3、6 号引脚所在的地网络,因为顶层已经布满了线路,因此更合适的布线方案是在底层进行连接。然而芯片封装的焊盘属于贴片焊盘,仅在顶层有连接点,要想在底层实现地网络的连接,就需要将这两个引脚通过走线孔连接到底层,如图 2-48 所示。具体的实现方法可参照该步骤的操作视频。

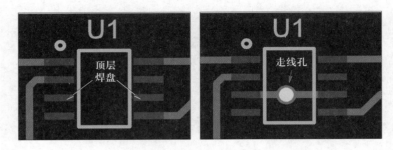

图 2-48   走线孔的放置

2.7.3   简单的铺铜操作

PCB 布线是使用金属线路连接各元件焊盘的过程。这里所指的"线",可以是一般的金属线,也可以是大片的铜块。本节将重点讲解简单的铺铜操作。

当连接芯片 3、6 号引脚的走线孔放置好后,在 PCB 设计软件中关闭顶层的显示,只显示底层,在地网络设置为绿色的情况下,可以看到底层如图 2-49 所示。图中的地网络包含 6 个连接点,左侧 5 个连接点是元件焊盘,右侧是连接芯片 3、6 号引脚的走线孔。在电气连接上,只需要把这 6 个连接点连接在一起,就可以完成地网络的布线。一种简单的方式是使用金属线把 6 个点连在一起,如图 2-50 所示。尽管这种方式能够在电气连接上满足设计要求,但不是最优的,可以有更好的方式完成地网络的连接,这就是铺铜。

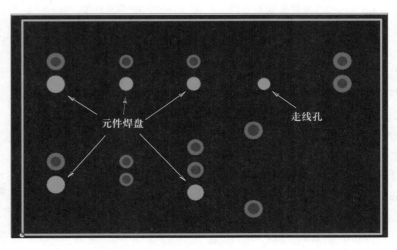

图 2-49   底层中地网络的相关连接点

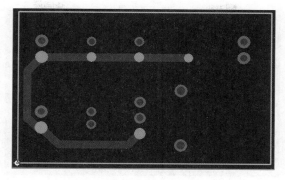

图 2-50　使用金属线相连的地网络

铺铜的本质是在 PCB 上绘制大片的铜箔实现某一网络多个点的电气连接。铺铜的基本流程如下：
- 根据需要连接网络连接点的位置分布，绘制铺铜区域。
- 将该区域的网络属性设置为当前网络。
- 生成铜箔，实现该网络各点的电气连接。

图 2-51 所示为地网络铺铜区域的两种绘制方案。对比两种方案，铺铜区域的形状是不同的，方案 1 为五边形，方案 2 为矩形。绘制铺铜区域的关键在于要把所有需要连接的点"包含"进来，从这个角度来看，这两种方案都是可行的。

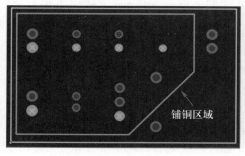

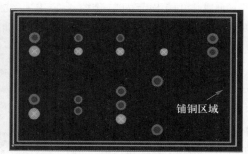

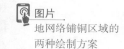

(a) 方案1　　　　　　　　　　　(b) 方案2

图 2-51　地网络铺铜区域的两种绘制方案

尽管两种方案均满足设计要求，但在效果上是有区别的。方案 1 的铺铜区域并没有覆盖整个 PCB 区域，右侧是没有铺铜的。按照方案 1，PCB 制造时右侧将不会覆盖铜，在结构上会造成 PCB 的不对称，导致结构稳定性问题。因此，方案 2 是更好的方案。

铺铜区域绘制完毕后，需要将该区域的网络属性设置为相应网络。最后执行铺铜操作，将铜"灌注"进所绘制的区域中。图 2-52 所示为完成铺铜连接后的地网络，从局部细节可以看到，铜块和地网络的焊盘以 4 根短线相连，实现电气连接，而其他网络的焊盘与铜块是不连接的，保持一定距离。

相比金属线的连接方式，铺铜操作更能够提高连接的效率。同时，铺铜还具有以下优点：
- 增加载流面积，提高载流能力。

图片
完成铺铜连接后的
地网络

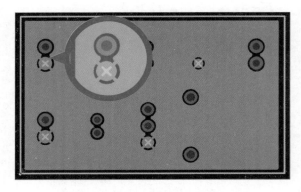

图 2-52   完成铺铜连接后的地网络

- 减小地线阻抗,提高抗干扰能力。
- 减小电压降,提高电源效率。
- 与地线相连,减小环路面积。

关于铺铜的更多知识,例如单平面多区域铺铜、安全间距等,将在后续项目中继续深入学习。

2.8   后续处理

项目 1 的 1.8 节简单介绍了 PCB 后续处理的三项主要工作,包括导出元件清单、规范元件标号和导出制造文件。在此基础上,本节将介绍元件产品代码、元件标号的位置和光绘文件三个新知识。

2.8.1   元件产品代码

元件产品代码(Part Number)是元件进行采购时的产品代码。对于电子元件,尽管性能参数完全一致,但由于制造商不同,其产品代码都是不同的。以本项目电路中的 TDA7052 芯片为例,其产品代码可以在制造商所提供的数据手册中的"ORDERING INFORMATION"(采购信息)部分找到。图 2-53 所示为 TDA7052 芯片的采购信息,其产品代码包括 TDA7052A 和 TDA7052AT 两种。

不同的产品代码代表着元件不同的参数和封装。根据图 2-53,两种产品代码对应的封装代码(PACKAGE→CODE)是 SOT97 和 SOT96A,分别对应数据手册中"PACKAGE OUTLINES"(封装信息)部分的 DIP8 和 SO8 封装,如图 2-54 所示。

ORDERING INFORMATION

EXTENDED TYPE NUMBER	PACKAGE			
	PINS	PIN POSITION	MATERIAL	CODE
TDA7052A	8	DIL	plastic	SOT97
TDA7052AT	8	mini-pack	plastic	SOT96A

图 2-53   TDA7052 芯片的采购信息

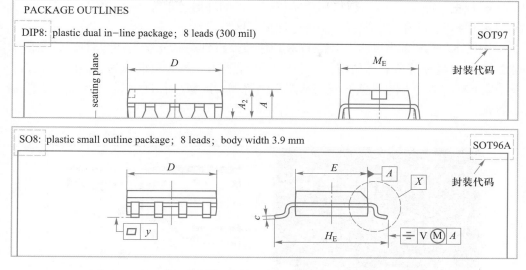

图 2-54　TDA7052 芯片的封装信息

在本项目电路中,TDA7052 芯片选用 SO8 贴片封装,因此在导出的元件清单中,芯片的元件值不能仅填写"TDA7052",必须填写正确、完整的产品代码"TDA7052AT"。

2.8.2　元件标号的位置

元件标号主要用于元件焊接装配时的位置确定,以及调试检修时的元件定位。项目 1 介绍了元件标号的一般放置规则,其核心思想是让标号能够清晰、明确地指示对应的元件,不发生歧义。同时,要确保元件焊接安装后,不能遮挡元件标号,因此元件标号不能放置于封装内部,如图 2-55 所示。

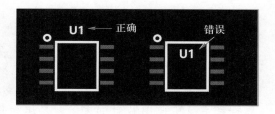

图 2-55　元件标号的位置

2.8.3　光绘文件

光绘是一种图形文件,是 PCB 制造设备之一的激光光绘机所需的底片文件。光绘文件是从 PCB 导出的制造文件的工业术语,也称为 Gerber 文件。本节主要介绍光绘文件的基本概念。

光绘文件与 PCB 制造原材料紧密相关。PCB 制造的主要原材料是双面覆铜板,其实物图如图 2-56 所示。PCB 的制造过程主要包括以下步骤:

● 根据线路层的光绘文件,通过腐蚀覆铜板上特定区域的铜形成线路。

● 根据钻孔图形层的光绘文件,制造元件孔和走线孔。

图 2-56　双面覆铜板实物图

视频

功率放大电路的后
续处理

● OrCAD+PADS

● Altium Designer

● 嘉立创 EDA

3D 模型

功率放大电路 PCB
的 3D 模型

- 根据丝印层的光绘文件,制造字符和元件的外形丝印等。
- 根据阻焊层的光绘文件,制造绿油覆盖区域。

图 2-57 所示为功率放大电路 PCB 顶层线路设计图和光绘文件的对比,线路层的光绘文件中将顶层所有需要覆铜的轮廓均描绘出来。因为覆铜板的表面已经覆盖了铜,因此光绘文件上的黑色部分表示需要保留铜的区域,而白色部分表示需要去除铜的区域。

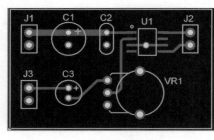

(a) 顶层线路设计图　　　　　　　　　　(b) 光绘文件

图 2-57　功率放大电路 PCB 顶层线路设计图和光绘文件的对比

线路层只是 PCB 制造的相关工艺层之一,还有丝印层、阻焊层、钻孔图形层等,相关知识将在项目 3 中进行讲解。

至此,两个入门难度项目的 PCB 设计已经完成。经过两个项目的全流程训练,书中已经讲解了 PCB 的设计流程、基本的软件操作、简单的工艺规范和 PCB 布局、布线要点等入门知识。

切记钝学累功,勤能补拙,请不要轻易满足,在接下来的两个简单难度的项目中,你将会学习到 PCB 设计的更多新知识和新技巧。如果你已经准备好了,那就进入下一个项目的学习吧!

项目 3

助听器电路

条入叶贯，融会贯通

"条入叶贯"一词出自汉代王充的《论衡》："通人知士，昼博览古今，窥涉百家，条入叶贯，不知审知。"该词常用来比喻对知识深入精微，融会贯通。

项目 1 和项目 2 中已经介绍了 PCB 设计的主要流程和基础知识，同时讲解了基本的软件使用技巧，接下来的项目将会逐渐提高设计难度，介绍新的知识和设计技巧。

本项目中将会完成一个简易助听器电路的 PCB 设计。助听器是一种能够将声音信号进行实时采集和放大的电子装置，可以帮助听力障碍者改善听觉，进而提高与他人会话交际的能力，如图 3-1 所示。早期的助听器采用晶体管设计，随着耗电更低、稳定性更高的集成电路出现，基于集成电路的助听器迅速地取代了晶体管助听器。考虑到本项目与前两个项目的衔接性，特别是元件的复用，本项目将采用传统的晶体管电路实现助听器。

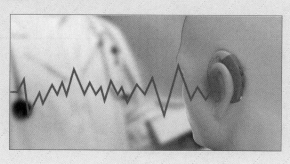

图 3-1　助听器的应用场景

3.1 电路结构与原理

助听器电路的结构如图 3-2 所示,电路采用电阻、电容、三极管等分立元件,组成两级放大电路,将传声器所采集的数米范围内的声音放大,输出至 3.5 mm 口径的通用耳机接口。

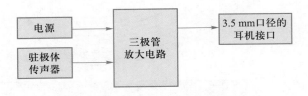

图 3-2　助听器电路的结构

图 3-3 所示为助听器电路的连接示意图,电源部分使用 CR2032 纽扣电池提供电压,输入端采用驻极体传声器采集声音信号,放大部分由三极管 9014、9012 和 9013 组成,输出端采用 3.5 mm 口径的耳机连接座。电路中一共包含 14 个元件,其中电池、电阻、电解电容和瓷片电容 4 种元件已在前两个项目中介绍过,传声器、三极管、拨动开关和耳机连接座是新元件。

视频
助听器电路的知识讲解

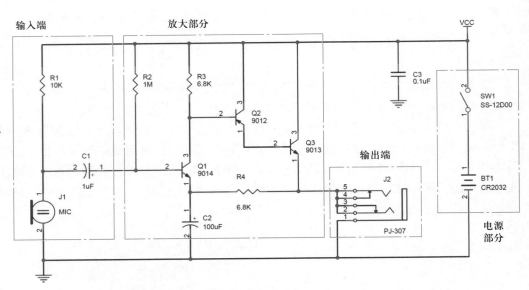

图 3-3　助听器电路的连接示意图

以上是助听器电路的项目概况,在正式开始逻辑封装设计前,需要建立项目的资料目录,养成分类存放设计文档的良好习惯。

3.2 逻辑封装设计

视频

助听器电路的逻辑
封装设计

● OrCAD

● Altium Designer

● 嘉立创 EDA

3.2.1 传声器的逻辑封装设计

驻极体传声器具有体积小、结构简单、电声性能好、价格低的特点,广泛用于盒式录音机、无线传声器及声控等电路。传声器实现声电转换的关键部件是驻极体振动膜,该膜通过一定的构造,与内部另一金属极板形成电容,当驻极体膜片遇到声波振动时,引起电容两端的电场发生变化,从而产生随声波变化而变化的交变电压。

图 3-4 所示为常用的两端式驻极体传声器的逻辑封装。根据图 3-4(a)所示的传声器实物图,该元件包含两个引脚,其中与外壳连接的一端为接地端。与纽扣电池座、LED 和电解电容类似,两端式驻极体传声器属于极性元件,在进行逻辑封装设计时,引脚的序号遵守"1 正 2 负"的规则。图 3-4(b)、(c)所示为该传声器元件两种常见的逻辑封装形式。

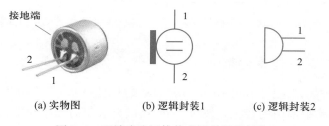

(a) 实物图　　　　　(b) 逻辑封装1　　　　　(c) 逻辑封装2

图 3-4　两端式驻极体传声器的逻辑封装

3.2.2 三极管的逻辑封装设计

三极管是晶体管的一种,在电路中一般用 Q 或 VT 等表示。在封装形式上,三极管包含发射极(Emitter,E)、基极(Base,B)和集电极(Collector,C)三端,如图 3-5 所示。根据工作电压的极性,三极管分为 PNP 型和 NPN 型。三极管是一种控制电流的半导体器件,其作用是把微弱信号放大成幅值较大的电信号。

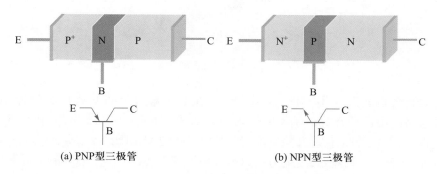

(a) PNP型三极管　　　　　　　　(b) NPN型三极管

图 3-5　PNP 型和 NPN 型三极管

三极管属于常用元件,其逻辑封装可以在 PCB 设计软件自带的封装库中找到。为了确保与后期物理封装设计的一致性,调用逻辑封装时需要核对其引脚的序号,确保与厂商提供的数据手册相符合。图 3-6 所示为某品牌三极管的引脚说明,发射极、基极和集电极的引脚序号依次为 1、2、3。

根据上述信息,可以确定三极管的逻辑封装设计如图 3-7 所示,引脚的序号与厂商提供的资料保持一致。为了方便后期封装的核对,引脚的序号不能隐藏。需要注意两种三极管逻辑封装中箭头的指向:PNP 型是由发射极指向基极,NPN 型是由基极指向发射极。

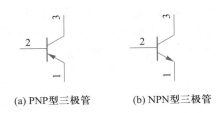

(a) PNP型三极管   (b) NPN型三极管

图 3-6   某品牌三极管的引脚说明   图 3-7   三极管的逻辑封装设计

3.2.3   拨动开关的逻辑封装设计

开关是一种控制电路通断的电子元件,本项目电路中使用拨动开关。与项目 1 按键控制 LED 电路中使用的轻触式按键不同,拨动开关带有自锁功能,能够锁定当前的通断状态。图 3-8 所示为常见的拨动开关。

图 3-8   常见的拨动开关

拨动开关也属于常用元件,其封装可以在 PCB 设计软件自带的封装库中找到。本项目电路使用拨动开关最基本的逻辑封装形式,如图 3-9(a)所示。根据图 3-9(b)所示的拨动开关实物图,拨动开关包含三个引脚,中间 2 号引脚是固定端,拨至一边与 1 号引脚连通,与 3 号引脚断开;拨至另一边与 3 号引脚连通,与 1 号引脚断开,如图 3-9(c)所示。

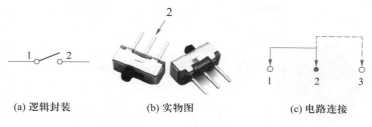

(a) 逻辑封装　　　　(b) 实物图　　　　(c) 电路连接

图 3-9　拨动开关的逻辑封装设计

注　意

图 3-9(a)所示拨动开关的逻辑封装只有两个引脚,与实物不匹配。但因为电路中只使用了拨动开关的其中一侧,因此这是允许的。当然,如果要更严谨一点,可以设计拨动开关的逻辑封装如图 3-10 所示,为其增加一个 3 号引脚。

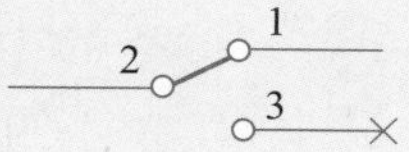

图 3-10　拨动开关的另一种逻辑封装

3.2.4　耳机连接座的逻辑封装设计

耳机连接座是一种用于连接耳机音频接头和 PCB 电路的电子元件,常见的耳机连接座如图 3-11 所示。根据应用场景和音频参数的不同,耳机连接座的外形和引脚数量也各有差异,部分耳机连接座还带有接头插入检测功能。

最常见的类型是 3.5 mm 口径的耳机连接座,如图 3-12 所示。3.5 mm 是指音频接头的直径,为了让接头能够顺利接入,连接座的口径一般为 3.6 mm。

图 3-11　常见的耳机连接座

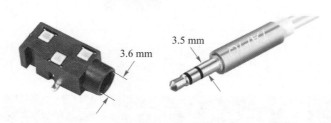

3.6 mm

3.5 mm

图 3-12　3.5 mm 口径耳机连接座及音频接头

由于耳机连接座的形式各异,引脚数量也不尽相同,因此没有统一的逻辑封装形式,需要根据具体型号确定设计方案。本项目电路中采用的耳机连接座型号为PJ-307,是一种带有 5 个引脚的立体声连接座,其实物图如图 3-13(a)所示。图 3-13(b)所示为耳机连接座的电路连接,1 号引脚是接地端,2、3 号引脚,4、5 号引脚分别为两个声道的接触端,每个声道都带有插入检测功能。根据电路连接关系,设计该耳机连接座的逻辑封装如图 3-13(c)所示。

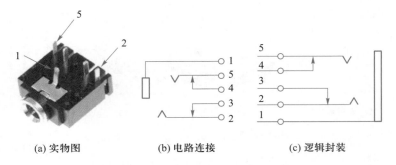

(a) 实物图   (b) 电路连接   (c) 逻辑封装

图 3-13   PJ-307 连接座的逻辑封装设计

3.2.5 栅格的进阶使用

栅格是在软件中进行绘制和移动操作时的最小步长。在 OrCAD 逻辑封装设计和原理图设计阶段,栅格一般只能设置为"打开"或"关闭",不能设置具体的值;而在物理封装设计以及后期的 PCB 布局、布线中,栅格可以根据需要设置具体的值。

栅格是软件界面中横竖交叉的线条,如图 3-14 所示。在打开栅格的状态下,所有元素的绘制和移动将锁定在线条的交叉点上。在逻辑封装设计界面,通过这种锁定可以确保所有引脚的末端都在格点上,便于在原理图绘制时实现引脚之间的快速连接。然而,在打开栅格的状态下,软件无法绘制图 3-14 中三极管内部的线条和三角形。因此,为了绘制一些特殊的图形,在逻辑封装设计时需要暂时关闭栅格,解除格点的锁定限制。具体的实现方法可参照该步骤的操作视频。

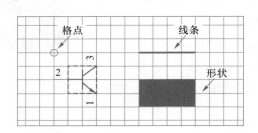

图 3-14   逻辑封装设计中的栅格

注   意

在关闭栅格的状态下,不要移动引脚,否则将可能导致引脚的末端脱离格点。图 3-15 中元件逻辑封装的引脚在关闭栅格的状态下进行了移动,使得引脚的末端脱离了格点。这种错误操作将会导致该元件放置于原理图后无法连线的问题。

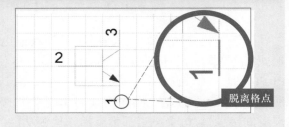

图 3-15   关闭栅格状态下的错误操作

3.3 原理图绘制

3.3.1 元件复用

在 PCB 工程师的实际工作中,部分元件的逻辑封装并不需要重新设计,可以从已完成的原理图中复制到当前原理图,所有的 PCB 设计软件均支持这种元件复用的功能。助听器电路中的纽扣电池座、色环电阻、电解电容和瓷片电容 4 类元件是前两个项目电路中使用过的元件,可以将对应的逻辑封装从前两个项目电路的原理图中复制过来,如图 3-16 所示。

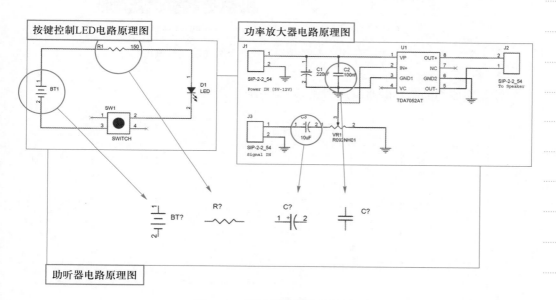

图 3-16　元件逻辑封装的复用

作为一个严谨的 PCB 工程师,在复制、粘贴元件逻辑封装的过程中,必须确保复制过来的元件逻辑封装符合当前项目要求,重点要核对元件的引脚数量、序号是否符合设计要求。对于助听器电路,由前两个项目电路原理图中复制过来的 4 类元件不需要修改,引脚数量、正负引脚命名均符合要求。

3.3.2 元件的物理封装属性修改

元件复用可以让 PCB 工程师使用已有的元件逻辑封装,提高设计效率。然而,这些元件在原项目电路中已经写入了物理封装信息,因此在新项目电路的原理图设计过程中,必须逐一核对这些元件的物理封装信息,并根据当前项目电路的要求进行调整。例如,电解电容的物理封装需要根据当前项目电路对电解电容的电容值、耐压值等的要求,确定正确的物理封装信息。图 3-17 所示为不同设计软件中元件物理封装属性的修改位置。

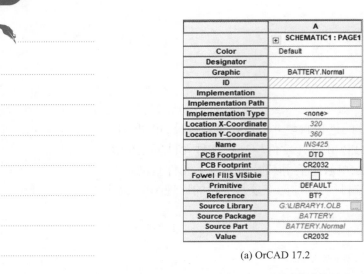
(a) OrCAD 17.2

(b) Altium Designer 20

图 3-17　不同设计软件中元件物理封装属性的修改位置

绘制完成的助听器电路原理图如图 3-18 所示。

视频
助听器电路的原理
图绘制
● OrCAD

● Altium Designer

● 嘉立创 EDA

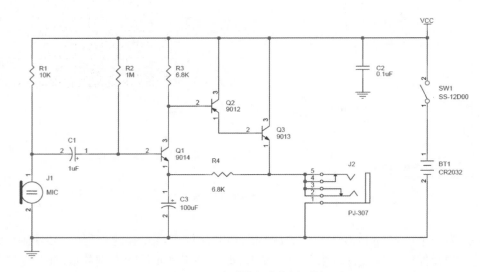

图 3-18　助听器电路的原理图

3.4　物理封装设计

3.4.1　物理封装库的管理

　　随着项目经验的增加,PCB 工程师积累的元件封装会越来越多,逐渐构成一个专属的封装库。一种常见的管理方式是将所有元件的物理封装逐渐累加到同一个库中。所有的 PCB 设计项目均从单一物理封装库中调取元件,如图 3-19 所示。

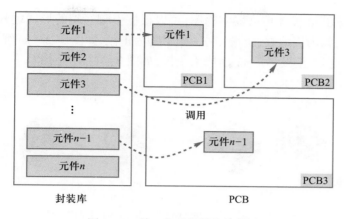

图 3-19　单一物理封装库的使用

这种方式的优点是便于管理,缺点是存在隐患。PCB 的设计过程是一个图形化的组合形式,不少电子元件的封装形式相同,但尺寸不同,这些细微的差别在图形上难以分辨,当一个封装库中的元件数量较多时,就有可能导致调用错误。

一种严谨的元件物理封装库的管理建议如下:

(1) 建立一个积累封装库,整理项目实践中遇到的所有元件物理封装,规范命名,存放于库中。

(2) 针对每一个具体的 PCB 项目,建立对应的项目封装库,从积累封装库中复制所需要的元件封装至当前项目封装库,并在复制过程中确认封装参数的正确性,如图 3-20 所示。

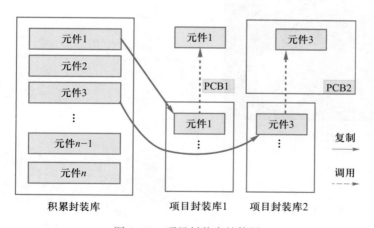

图 3-20　项目封装库的使用

视频
助听器电路的物理
封装设计
● OrCAD+PADS

● Altium Designer

● 嘉立创 EDA

在前两个项目的操作教学中,要求为每一个 PCB 项目建立对应的物理封装库。按照上述建议,还需要建立一个积累封装库,整理所有项目接触到的元件封装。

3.4.2　传声器的物理封装设计

传声器属于极性元件,在物理封装设计时必须严格区分正负极。图 3-21 所示为两种常见的两端式驻极体传声器实物图,可以根据引脚底端的形式区分正负极:底端与外壳连接的引脚为接地端(负极),另一个引脚为正极,如图 3-21(a)所示;或者,底部标有"+"号的引脚为正极,另一个引脚为负极,如图 3-21(b)所示。

图 3-21   两种常见的两端式驻极体传声器实物图

观察传声器的实物图,可知其物理封装设计方法与电解电容类似。图 3-22 所示为项目电路中采用的驻极体传声器的规格图纸。需要注意,传声器的两个引脚与底平面并不是中心对称的关系,而是与中心线相距 2.0 mm。根据图 3-22,传声器引脚的直径为 0.5 mm,两个引脚的间距为 2.54 mm,传声器外形在平面上的投影是一个直径为 9.4 mm 的圆。

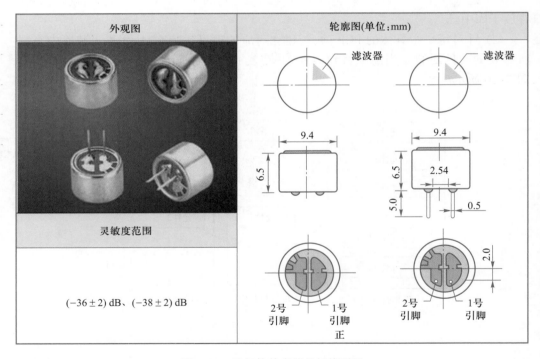

图 3-22   驻极体传声器的规格图纸

驻极体传声器的物理封装设计如图 3-23 所示,要点如下:
- 引脚的直径为 0.5 mm,圆形焊盘的内直径可设置为 0.9 mm 左右。
- 以元件投影中心为原点,根据两个引脚的位置,1 号焊盘(正极)和 2 号焊盘(负极）的位置坐标分别为（−1.27,−2）和（1.27,−2）。

- 1 号焊盘为正极,除了使用"+"丝印表示正极外,也可以使用矩形焊盘来表示。
- 元件的外形丝印为圆形,直径为 9.4 mm。

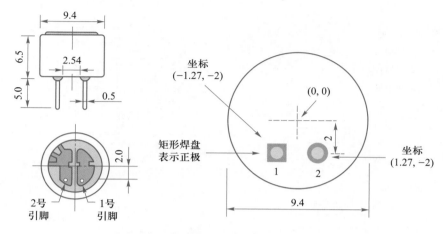

图 3-23   驻极体传声器的物理封装设计（单位:mm）

3.4.3   三极管的物理封装设计

三极管具有三个引脚,分别定义为基极 B、集电极 C、发射极 E,在设计物理封装时,三个引脚焊盘的顺序必须和封装严格一致。三极管常见的封装形式有直插 TO-92（Transistor Outline）和贴片 SOT-23（Small Outline Transistor）两种。

1. TO-92:92 形式三极管封装

TO-92 是信号三极管、小功率三极管等普遍采用的封装形式,图 3-24 中给出了采用 TO-92 封装的三极管的电路符号、实物图和封装的对比。不管是 NPN 型三极管还是 PNP 型三极管,只要采用 TO-92 封装,其引脚排序均是相同的:1 号引脚为发射极 E,2 号引脚为基极 B,3 号引脚为集电极 C。

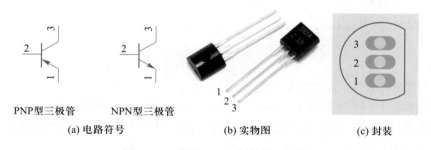

图 3-24   采用 TO-92 封装的三极管

2. SOT-23:微型三极管封装

SOT-23 是一种典型的贴片型三极管封装形式,相比 TO-92 封装形式,其体积更小,广泛应用于高元件密度的电路。图 3-25 所示为 SOT-23 封装示意图。

本项目的放大电路中使用到了 9012、9013、9014 三种型号的三极管,其中 9012 是

PNP 型三极管,9013 和 9014 是 NPN 型三极管。三种三极管虽然型号、参数、性能不同,但封装形式是相同的,均为 TO-92,其规格图纸如图 3-26 所示。

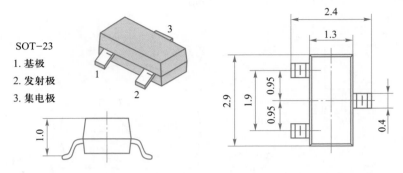

图 3-25　SOT-23 封装示意图(单位:mm)

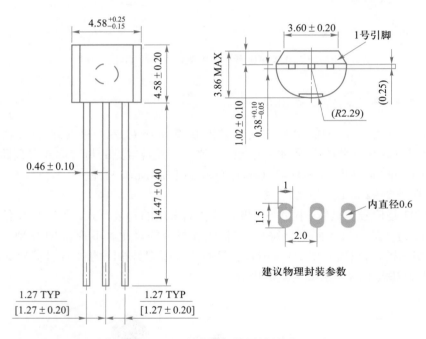

图 3-26　TO-92 封装的规格图纸(单位:mm)

根据图 3-26,TO-92 封装的设计要点如下:

(1) 引脚的直径为 (0.46 ± 0.1) mm,即规范值为 0.46 mm,可能存在 0.1 mm 的制造误差。焊盘设计时以考虑引脚直径的最大值为宜,即 0.56 mm。图纸中给出了建议的焊盘内直径为 0.6 mm。

(2) 引脚之间的间距为 1.27 mm。正常情况下,焊盘的间距必须严格等于引脚的间距,不能改动。然而这里建议的焊盘间距为 2.0 mm,比引脚之间的间距大,这是为了防止在焊接过程中出现因焊盘间距较小而导致的短路问题。

(3) 焊盘的外形采用了槽形,也就是长条形,主要目的是防止焊盘之间的距离过小,不符合最小安全间距。

（4）封装的外形丝印为一非规则半圆形，务必注意弧形的方向，这会直接影响对元件安装方向的判断。

3.4.4　拨动开关的物理封装设计

本项目电路采用型号为 SS-12D00 的 1P2T（单刀双掷）拨动开关，其规格图纸如图 3-27 所示。不考虑元件的高度，图中对于物理封装设计有用的参数如下：

- 引脚的形状参数（宽×厚）：0.5 mm×0.3 mm。
- 引脚的间距：2.5 mm。
- 拨动开关在平面上的投影尺寸（长×宽）：8.5 mm×3.7 mm。

如果对产品的外壳有明确的高度、开关拨动方向等方面的要求，就需要考虑高度等其他参数。

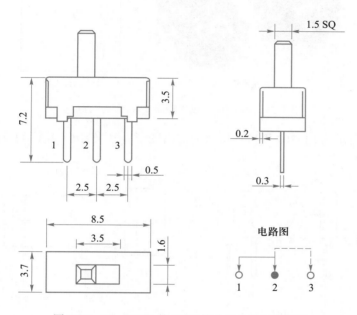

图 3-27　SS-12D00 的 1P2T 拨动开关的规格图纸

图 3-28 所示为拨动开关的物理封装设计，要点如下：

（1）焊盘为圆形焊盘，内直径大于实际引脚直径，可取 0.8 mm 左右，外直径在内直径的基础上增加 60%。

（2）焊盘的间距与引脚的间距严格一致，取 2.5 mm。

（3）元件外形为矩形，尺寸为 8.5 mm×3.7 mm。

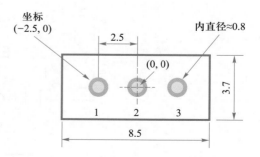

图 3-28　拨动开关的物理封装设计（单位：mm）

3.4.5 耳机连接座的物理封装设计

本项目采用型号为 PJ-307 的立体声耳机连接座,其实物图及内部电路如图 3-29 所示。耳机连接座一共包含 5 个引脚,其中 1 号引脚是接地端,2、3 号引脚为一声道,4、5 号引脚为另一声道。该耳机连接座具有插入检测功能,耳机头插入后,2、3 号引脚、4、5 号引脚将会从短路状态变为开路状态,可以通过单片机的 I/O 口进行检测。助听器电路不使用立体声和插入检测功能,左右声道短接在一起,作为单声道使用。

(a) 实物图   (b) 内部电路

图 3-29 PJ-307 耳机连接座实物图及内部电路

图 3-30 所示为 PJ-307 耳机连接座的规格图纸,图中给出了建议的物理封装参数。

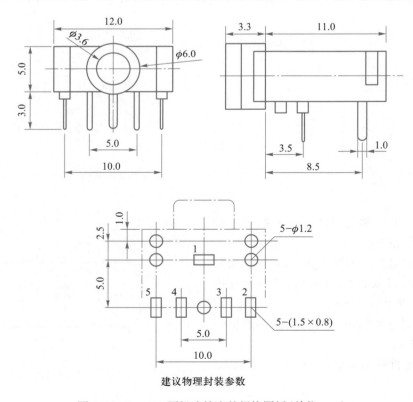

建议物理封装参数

图 3-30 PJ-307 耳机连接座的规格图纸(单位:mm)

耳机连接座的底部除了 5 个金属引脚之外,还有 5 个塑胶圆柱,用于固定位置和防滑。塑胶圆柱没有电气属性,在封装设计时一般设计将非金属孔作为其焊盘,专业术语为非电镀孔。5 个非电镀孔的内直径为 1.2 mm,没有外直径。5 个金属引脚是扁长形针脚,引脚的宽度为 1.0 mm,建议的物理封装参数上标示"5-(1.5×0.8)",意为:5 个矩形孔,各矩形孔的长 × 宽为 1.5 mm×0.8 mm。矩形孔在 PCB 制造工艺中难以实现,一般设计为槽形孔,如图 3-31 所示。

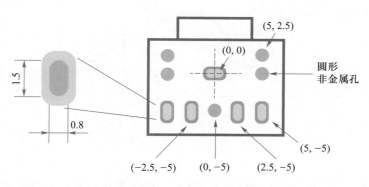

图 3-31　PJ-307 耳机连接座的物理封装设计(单位:mm)

图 3-31 所示为 PJ-307 耳机连接座的物理封装设计。原点的选择有两种方案:一是 1 号焊盘的中心;二是 3、4 号焊盘的对称中心。以元件中心为原点是比较合适的方案,1 号焊盘更接近元件的中心位置,因此以 1 号焊盘的中心为原点,可以计算出其他焊盘的位置坐标如图 3-31 所示。

3.5　网表处理

网表处理包含写入物理封装信息、网表导出和网表导入三项主要工作,如图 3-32所示。这三项工作的意义和实现方法已在前两个项目中介绍过,这里不再赘述。

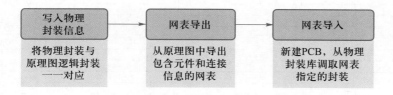

图 3-32　网表处理的三项主要工作

本项目在原理图绘制时进行了元件复用,使用了已有元件的逻辑封装,在网表处理步骤中需要再次核对相关元件的物理封装信息。项目中复用的元件包括纽扣电池座、色环电阻、电解电容和瓷片电容 4 类元件,其中纽扣电池座和色环电阻的封装是通用类型,不需要更改。电解电容和瓷片电容的物理封装需要进一步核对。

图 3-33 所示为助听器电路中的电解电容和瓷片电容,电路的最高工作电压为3.3 V。两个电解电容的电容值分别为 1 μF 和 100 μF,与项目 2 功率放大电路中两个

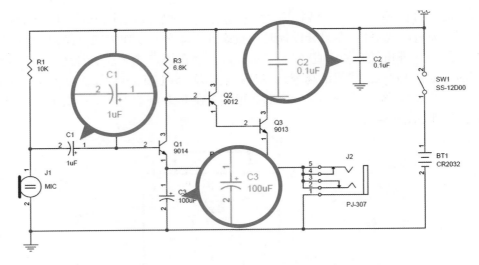

图 3-33　助听器电路中的电解电容和瓷片电容

电解电容的电容值 10 µF 和 220 µF 不相同,因此需要按照元件的选型表重新确定元件尺寸,判断是否需要重新制作物理封装。

根据电解电容的选型表,1 µF 的电解电容只有 5×11 一种尺寸(图 3-34 中方框①、②的重叠部分),而 100 µF、6.3 V 的电解电容也只有 5×11 一种尺寸(图 3-34 中方框③、④的重叠部分)。因此,1 µF 和 100 µF 电解电容的封装是相同的,其对应的物理封装在项目 2 功率放大电路中已完成设计,与该电路中 10 µF 电解电容的封装是一

视频
助听器电路的网表
处理
● OrCAD+PADS

● Altium Designer

● 嘉立创 EDA

CASE SIZE & PERMISSIBLE RIPPLE CURRENT OF STANDARD PRODUCTS

CAP. (µF)	RATED VOLTAGE W V													
	6.3 SIZE	RIPPLE	10 SIZE	RIPPLE	16 SIZE	RIPPLE	25 SIZE	RIPPLE	35 SIZE	RIPPLE	50 SIZE	RIPPLE	63 SIZE	RIPPLE
0.1											5×11	1		
0.22											5×11	2		
0.33											5×11	3		
0.47											5×11	5	5×11	5
0.68														
1.0											5×11	10	5×11	10
2.2					5×11	18					5×11	23	5×11	29
3.3											5×11	35	5×11	40
4.7			5×11	20	5×11	25	5×11	30	5×11	35	5×11	40	5×11	45
6.8											5×11	50		
10			5×11	35	5×11	40	5×11	50	5×11	60	5×11	65	5×11	70
15					5×11	50					5×11	80		
22	5×11	35	5×11	55	5×11	75	5×11	90	5×11	95	5×11	100	5×11	95
													6×11	115
33	5×11	55	5×11	80	5×11	110	5×11	115	5×11	120	5×11	105	6×11	130
											6×11	125	8×11	140
47	5×11	75	5×11	95	5×11	130	5×11	135	5×11	130	6×11	140	8×11	150
									6×11	140	6×11	150		
68									6×11	160	6×11	180		
100	5×11	130	5×11	180	5×11	185	6×11	200	6×11	185	8×11	230	10×15	300
			6×11	185					8×11	230	10×12	250	10×12	300

图 3-34　电解电容的封装信息确认

致的,可以直接调用。

另外,瓷片电容的电容值为 0.1 μF,与项目 2 功率放大电路中的瓷片电容一致,因此瓷片电容的物理封装可以直接调用。

3.6 PCB 布局

本节将主要介绍圆角板框设计、PCB 的开槽和元件对齐三个新的设计技巧。

3.6.1 圆角板框设计

板框的设计需要考虑产品外壳、电路接口位置和电路性能等多方面因素,通常需要电路设计工程师、结构工程师、产品设计工程师多方面沟通确定。前两个项目中的 PCB 板框均为矩形,转角均为直角,如图 3-35 所示。

呈直角的 PCB 板框容易造成板体的划伤,同时容易扎伤人,所以在 PCB 制造中,当客户没有特殊要求时,一般会建议将 PCB 板框做成圆角的形式,如图 3-36 所示。设计软件对板框的转角进行圆角处理的过程称为倒角。

(a) 按键控制LED电路　　(b) 功率放大电路

图 3-35　已完成项目的直角板框　　　　图 3-36　板框转角的圆角处理

3.6.2 PCB 的开槽

开槽是指在闭合 PCB 板框内部挖空一定形状的区域。开槽的原因一般有两个:一是结构需要,配合外壳装配需要等在特定位置挖空 PCB;二是电气隔离需要。助听器电路 PCB 的左下角设计了一个圆形开槽,如图 3-37 所示,具体的实现方法可参照该步骤的操作视频。

3.6.3 元件对齐

元件对齐是 PCB 设计软件提供的一项功能,能够有效提高布局的效率和质量。元件对齐方式有左对齐、居中对齐、右对齐、顶端对齐、垂直居中和底部对齐 6 种,如图 3-38 所示。对齐的操作方式基本相同,同时选中需要对齐的元件,再选择需要的对齐方式即可。

图 3-37   助听器电路 PCB 的圆形开槽

圆形开槽 ——

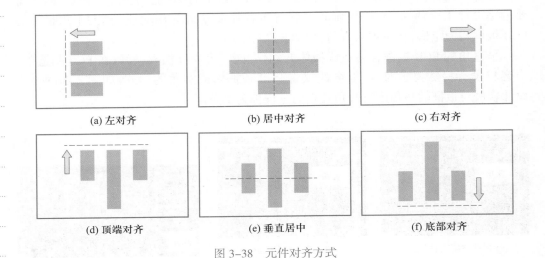

(a) 左对齐   (b) 居中对齐   (c) 右对齐

(d) 顶端对齐   (e) 垂直居中   (f) 底部对齐

图 3-38   元件对齐方式

在保证 PCB 性能的前提下,使得元件整齐有序,是一个优秀 PCB 工程师追求的目标。图 3-39 给出了一个示例,严格对齐的元件使得 PCB 呈现出一种规范的工业美感。当然,不能为了对齐而对齐,PCB 工程师首先要确保的是电路板的性能和连线容易度等因素。

图 3-39   元件整齐有序的电路板

在具体应用时,一些新手在使用自动对齐工具时,可能会出现不能对齐的情况,如图 3-40 所示。假设图中 3 个元件要设置为水平方向居中对齐,正常情况应该如图 3-40(a)所示。但在实际中,因为一些错误或者不规范的设置,可能会出现图 3-40(b)所示无法居中对齐的情况。

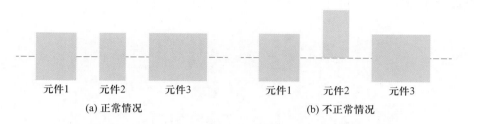

(a) 正常情况   (b) 不正常情况

图 3-40　元件自动对齐

这种情况并非软件问题,而是由于元件物理封装设计时参考原点的设置不统一造成的。在前两个项目的物理封装设计步骤的教学中,均要求尽量以元件的中心作为原点。部分工程师会选择以元件的 1 号焊盘或者元件的顶点作为原点,这些不规范的做法会对后续的设计步骤造成各种不良影响。

软件在进行自动对齐操作时,会将各个元件物理封装的参考原点作为参考点。如果元件物理封装的原点设置各异,则无法正确实现自动对齐。图 3-40(b)所示的不正常情况,就应该是由于元件 2 的原点与其他两个元件不一致而导致的。

视频
助听器电路的 PCB
布局
● PADS

● Altium Designer

● 嘉立创 EDA

3.7 PCB 布线

3.7.1 安全间距

安全间距是 PCB 的基本规则,分为电气安全间距和非电气安全间距两类。其中,非电气安全间距主要是指元件间距、字符丝印间距等,相关知识将在后续项目中介绍。本节主要介绍电气安全间距,包括导线间距、焊盘与焊盘的间距和铜块间距。

1. 导线间距

导线间距包括线与线、线与焊盘、线与过孔、过孔与过孔之间的距离,其设置类型如图 3-41 所示。导线间距由制造设备的蚀刻精度决定,按照目前主流的制造能力,要求导线间距大于或等于 4 mil,否则需要进行额外的精细加工,会增加 PCB 的成本。

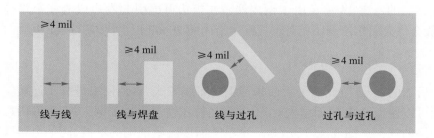

图 3-41　导线间距的设置类型

2. 焊盘与焊盘的间距

焊盘与焊盘的间距包括贴片焊盘之间、通孔焊盘之间、贴片焊盘与通孔焊盘之间的距离,其设置类型如图 3-42 所示。焊盘与焊盘的间距也由制造设备的蚀刻精度决定,同时要考虑元件焊接时的安全距离。按照目前主流的制造能力,要求焊盘与焊盘的间距大于或等于 10 mil。

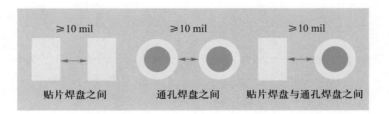

图 3-42   焊盘与焊盘间距的设置类型

3. 铜块间距

铜块是 PCB 上的大面积金属。铜块与铜块、铜块与导线、铜块与焊盘、铜块与过孔之间的距离一般大于导线间距,取导线间距的 2 倍或以上,其设置类型如图 3-43 所示。例如导线间距为 10 mil,则铜块间距可以设为 20~30 mil。在同一个 PCB 里,可以根据需要为不同的铜块间距类型设置不同的间距值。

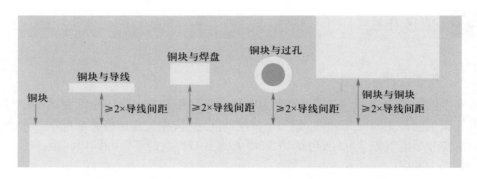

图 3-43   铜块间距的设置类型

另外,铜块间距还要考虑铜块与板框边沿的距离。在 PCB 制造中,出于电路板成品机械方面的考虑,为避免由于铜皮裸露在板边可能引起卷边或电气短路等情况发生,一般会将大面积铺铜块相对于板框边沿内缩 20 mil 以上,如图 3-44 所示。

3.7.2   单平面多区域铺铜

项目 2 的 2.7.3 节介绍了大面积铺铜的布线方式,对地网络进行了连接。大面积的铺铜可以使得 PCB 层面结构对称,并提高抗压性。通过铺铜,一个平面内可以实现多个网络的连接。图 3-45 所示为一个单平面多区域铺铜的示例,同一个布线层平面内划分了多个铜块区域,不同网络的铜块保持适当距离。

图 3-44　铜块到板框边沿的安全间距

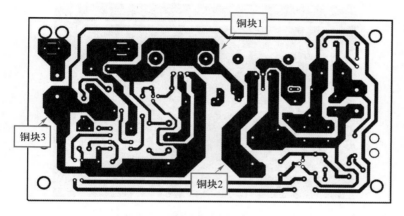

图 3-45　单平面多区域铺铜示例

　　下面将结合本项目的铺铜过程,举例介绍单平面多区域铺铜的实现方法。助听器电路的三个网络需要使用铺铜方式连接,分别是电源(VCC)、地(GND)和耳机声道连接网络(NET1)。图 3-46 所示为助听器电路底层焊盘分布的简化图,该图可方便读者更好地理解单平面多区域铺铜的实现方法,是真实情况的简化。

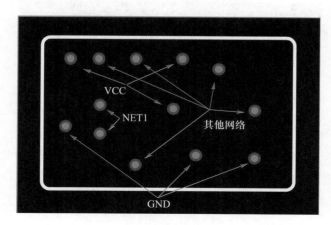

图 3-46　助听器电路底层焊盘分布的简化图

　　单平面多区域铺铜的第一步是选平面。助听器电路采用默认的两层板结构,布线平面只有顶层和底层。顶层主要用于普通信号线的连接,完成的连线无法保证完整的铺铜平面,因此底层是铺铜平面更合适的选择。图 3-46 所示为底层视角,连接点不仅包含三个网络的相关焊盘,同时包括其他网络的焊盘。铜块在灌注时将根据网络设置,自动躲避其他网络的焊盘。

　　单平面多区域铺铜的第二步是标识网络分布。基于项目 2 的 2.6.4 节介绍的网络的高亮显示技巧,可以为需要铺铜连接的网络设置不同的颜色。标识网络分布是为了方便 PCB 工程师在绘制铺铜区域时,实时了解连接点的分布情况。网络颜色的设置没有标准方案,只要保证网络之间保持高区分度即可,图 3-47 所示为其中一种设置方案。

图片
需要铺铜网络的高
亮显示

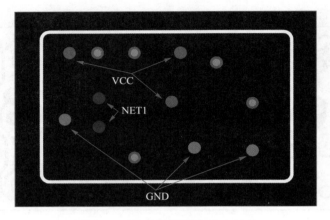

图 3-47　需要铺铜网络的高亮显示

　　单平面多区域铺铜的第三步是绘制铺铜区域。根据网络的颜色标识,可以直观地了解各个网络的连接点分布,并绘制铺铜区域。多个网络的绘制顺序没有严格要求,具体的铺铜区域也没有标准方案。例如,可以先绘制 VCC 的铺铜区域,如图 3-48 所示。

图片
VCC 铺铜区域的
绘制

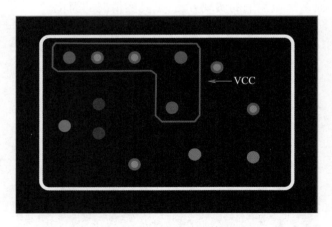

图 3-48　VCC 铺铜区域的绘制

注　意

所绘制区域不能包含其他需要铺铜网络的连接点,但可以包含不需要铺铜网络的连接点。

　　基于相同的原理和方法,可以绘制其他两个网络的铺铜区域,如图 3-49 所示。每一个区域内需要包含对应网络的所有连接点,并排斥其他需要铺铜网络的连接点。至此,单平面多区域铺铜已经完成,三个铺铜区域把平面分割成了三部分。

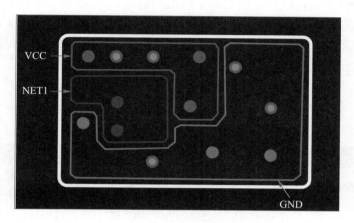

图片
完成铺铜区域绘制
的示意图

图 3-49　完成铺铜区域绘制的示意图

　　铺铜区域的具体实现形式是多样的,没有标准答案。图 3-49 中三个网络的铺铜区域基本占满整个平面,这是正确的做法。图 3-50 所示为另一种铺铜区域的绘制方案,虽然也可以完成铺铜连接,但该方案会造成该平面部分区域的铜缺失,从而影响结构的稳定性。

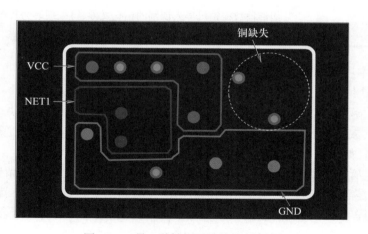

图片
另一种铺铜区域的
绘制方案

视频
助听器电路的 PCB
布线
● PADS

● Altium Designer

● 嘉立创 EDA

图 3-50　另一种铺铜区域的绘制方案

3.8　后续处理

　　后续处理包含导出元件清单、规范元件标号和导出制造文件三个步骤,本节将重点讲解导出制造文件这一知识点,同时简单介绍用于制造检查的 CAM350 软件。

3.8.1　导出制造文件

PCB 设计的最终目的是制造,可制造性是对 PCB 的基本要求。如 1.8.3 节所述,一种不规范的做法是将设计完毕的源文档发给制板工厂,这种方式是非常危险的,因为软件版本、盗版软件等原因可能会导致未知的错误。在高密度的复杂 PCB 设计中,一个细微的错漏都可能导致报废性的问题。规范的做法是从 PCB 设计中导出制造文件,整合并检查后再发给制板工厂。表 3-1 所示为 PCB 制造的相关工艺层,每个工艺层均包含 1 个或若干个文件,这些文件以图纸(类似相机的胶卷)的形式,从不同角度描述 PCB 的制造参数,称为制造文件,也称为光绘文件。

表 3-1　PCB 制造的相关工艺层

工艺层	描述
线路层(Routing)	指示每一个电气层的线路信息,工厂可根据这些信息制造对应层的金属线路,建议使用"正片"方式输出,文件数与层数一致
丝印层(Silkscreen)	指示顶层和底层的字符、油墨信息,工厂可根据这些信息制造电路板上的白色油墨,文件数为 2
助焊层(Paste Mask)	指示贴片封装焊盘的大小和位置,也称为钢网层,用于焊接阶段,与 PCB 制造无关,文件数为 2
阻焊层(Solder Mask)	指示电路板上绿油的覆盖区域,也称为绿油层,用于阻止绿油铺进焊盘和指示需要露出铜的区域,文件数为 2
钻孔图形层(Drill Drawing)	指示 PCB 上的钻孔位置、数量及大小信息,文件数为 1
钻带文件(NC Drill)	能够被数控钻机导入识别的钻孔文件,可以理解为直接驱动钻机工作的指令文件,文件数为 1

下面以本项目 PCB 制造的各个工艺层为例,介绍其含义。

1. 线路层

线路层指示电气层的线路信息,主要用于制造 PCB 上的线路、铜块、过孔焊盘和元件焊盘,其数量与 PCB 的层数相关。如果是两层板,线路层应该包含顶层和底层两个制造文件。如果是四层板,则线路层应该包含 4 个制造文件。

图 3-51 所示为助听器电路 PCB 的线路层,图中黑色部分是需要保留铜箔的部分,而白色部分是需要刻蚀后去除铜箔的部分。基于线路层文件,制造厂商就可以通过一定的工艺流程生产出正确的金属线路和铜箔,而焊盘和走线孔还需要结合其他制造文件来加工。

2. 丝印层

丝印层主要用于制造顶层和底层的印制信息,例如元件的轮廓和标注、各种注释字符等。丝印层的文件数是固定的,包含顶层和底层两个制造文件。图 3-52 所示为助听器电路 PCB 的丝印层。可以看到,因助听器电路 PCB 的所有元件均放置于顶层,因此底层不包含丝印信息。但是,即使底层没有元件的丝印信息,也需要导出其制造文件,一并发给工厂,没有信息也是一种信息。制造丝印信息的材料是没有电气属性的油墨,可以根据客户需要选择不同颜色,一般默认为白色。

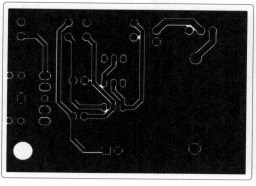
(a) 顶层线路

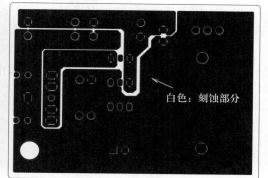
(b) 底层线路

图 3-51 助听器电路 PCB 的线路层

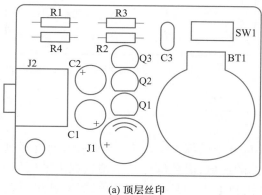
(a) 顶层丝印

(b) 底层丝印

图 3-52 助听器电路 PCB 的丝印层

3. 助焊层

助焊层,又称为钢网层。该层虽然是从 PCB 文件中导出的,但其实与 PCB 制造无关。顾名思义,助焊层可以帮助焊接,而且很"偏心",仅帮助贴片焊盘。图 3-53 所示为根据助焊层制造的钢网,镂空的黑色部分是 PCB 上贴片焊盘的轮廓和位置。在

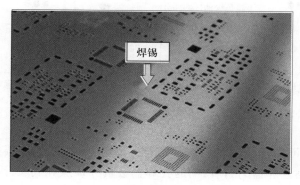

图 3-53 根据助焊层制造的钢网

PCB 表面覆盖该钢网,就可以露出所有的贴片焊盘,遮挡其他焊盘,从而帮助机器将焊锡膏喷涂到贴片焊盘上。

图 3-54 所示为助听器电路 PCB 的助焊层,可以看到其中不包含任何信息,是空白的。想想这是为什么？因为本项目电路中并没有用到贴片焊盘封装的元件,所以该层不存在任何信息。

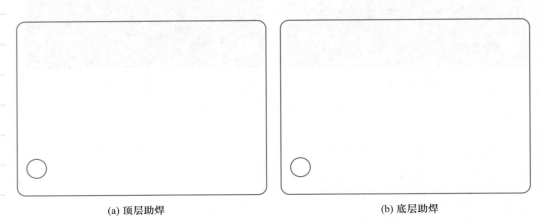

(a) 顶层助焊   (b) 底层助焊

图 3-54 助听器电路 PCB 的助焊层

4. 阻焊层

阻焊层,又称为绿油层,主要用于制造 PCB 上的绿油。图 3-55 所示为助听器电路 PCB 的阻焊层,图中白色部分是覆盖绿油的区域,黑色部分是不覆盖绿油的区域。在行业中,阻焊层又称为开窗层,如果不想让 PCB 上的某些元素覆盖绿油,就可以在阻焊层中将其设置为黑色。

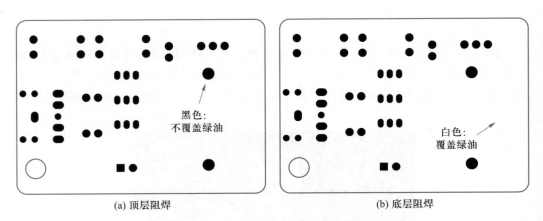

(a) 顶层阻焊   (b) 底层阻焊

图 3-55 助听器电路 PCB 的阻焊层

从图 3-55 中可以发现,助听器电路 PCB 顶层和底层的阻焊层是相同的,原因是电路中没有使用贴片焊盘的封装,而通孔焊盘会贯穿顶层和底层,因此两层的焊盘信息是相同的。

与阻焊层相关的绿油是指涂覆在 PCB 上的油墨,覆盖的油墨可起到避免 PCB 焊接短路、防止金属氧化、延长 PCB 使用寿命等作用。油墨的颜色有绿色、黑色、红色、蓝色、黄色等多种颜色,而目前大部分 PCB 均使用绿色阻焊油墨,所以一般称为绿油。

5. 钻孔图形层

制造文件中描述钻孔信息的文件有两个:钻孔图形层和钻带文件。钻孔图形层是描述 PCB 上所有钻孔信息的图形文件,包含孔的尺寸、数量、符号、电镀和偏差等信息。图 3-56 所示为助听器电路 PCB 的钻孔图形层,文件以图表的形式描述了 PCB 中所有孔的相关信息。举例说明,左侧图片中虚线框圈示部分的 9 个"×"表示该区域有 9 个同类型的孔,"×"符号对应右侧表格中的第三行。假设当前设计单位为 mm,表中的"0.6"表示孔的尺寸(内直径)为 0.6 mm;"9"表示孔的数量为 9;"Plated"列中的"YES"表示该类型的孔为电镀孔,孔的内壁需要电镀。

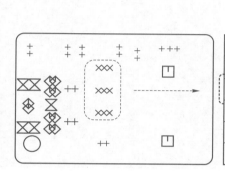

尺寸	数量	符号	电镀	偏差
Size	Cnt	Symbol	Plated	TOL
0.889	19	+	YES	+/−0.0
0.6	9	×	YES	+/−0.0
1.3	2	⊓	YES	+/−0.0
0.8×1.5	5	◇	YES	+/−0.0
1.2	5	⊠	NO	+/−0.0

图 3-56 助听器电路 PCB 的钻孔图形层

6. 钻带文件

钻带文件是一种程序性文档,其主要作用是为数控钻机提供钻孔的坐标信息,指示钻头的相关位置进行钻孔。图 3-57 所示为助听器电路 PCB 的钻带文件,该文件和钻孔图形层共同描述了 PCB 的钻孔信息。

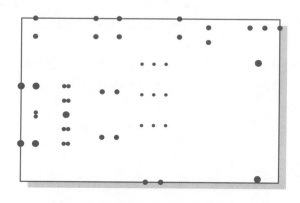

图 3-57 助听器电路 PCB 的钻带文件

3.8.2 CAM350 软件介绍

CAM350 是 DownStream 公司出品的一款 PCB 制造工艺检查和编辑软件。图 3-58 所示为 CAM350 V 9.5 版本的软件界面。CAM350 是制板工厂技术人员的常用软件,基于客户提供的原始资料和工厂的制造能力,使用 CAM350 修正相关制造文件,可为各个制造工序提供正确的信息文件。

视频
助听器电路的后续
处理
- PADS
- Altium Designer
- 嘉立创 EDA

3D 模型
助听器电路 PCB 的
3D 模型

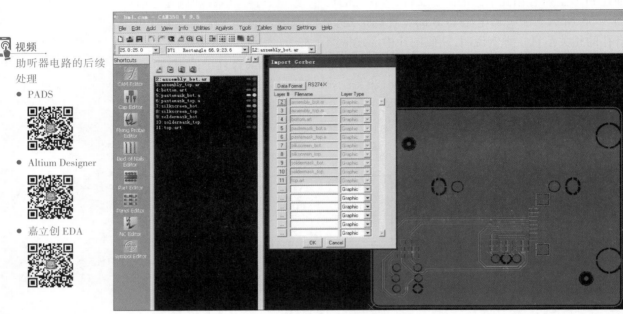

图 3-58　CAM350 V 9.5 版本的软件界面

CAM350 是 PCB 制造阶段的 EDA 工具,作为 PCB 工程师,并不需要精通 CAM350 软件的使用方法,只要掌握基本的导入和查看功能即可,以确保所交付制造文件的正确性。

至此,你已经完成了助听器电路的 PCB 设计流程。学习 PCB 设计并不需要特别聪明的头脑,在项目中逐渐积累经验,融会贯通,不知不觉间,PCB 设计的水平和能力就会提高。

下一个项目中将会大量使用贴片焊盘封装的元件,并会介绍更多有趣的 PCB 设计技巧。如果你已经准备好了,那就进行下一个项目的学习吧!

项目 4

FM 收音机电路

韦编三绝，刻苦努力

"韦编三绝"一词出自西汉司马迁所著的《史记·孔子世家》，原指孔子勤读《易经》，致使串联竹简的皮绳多次脱断，现用于比喻勤奋用功，刻苦治学。对于 PCB 设计的学习正需要这种精神，在反复的项目实践中提升能力。

本项目将会完成一个 FM 收音机电路的 PCB 设计，元件数量超过 20 个，设计难度为简单。收音机是一种能够对无线电信号进行接收、解码并将其转换为声音信号的电子装置。FM 收音机是接收 FM（调频）载波方式无线电信号的收音机，如图 4-1 所示。

图 4-1　FM 收音机

4.1　电路结构与原理

FM 收音机电路的结构如图 4-2 所示,电路以专用集成电路(ASIC)GS1299 为核心,采用 7 号电池和稳压芯片组成电源模块,3.5 mm 口径的耳机接口同时作为信号接收端和声音信号的输出端,采用贴片晶振提供时钟信号,控制信号由 5 个轻触按键输入。

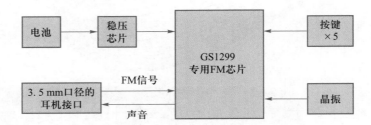

图 4-2　FM 收音机电路的结构

图 4-3 所示为 FM 收音机电路的原理图,一共包含 13 类、26 个元件。与前三个项目不同,FM 收音机电路中的大部分元件采用贴片型封装,以实现电路的微型化。贴片型电阻、电容元件的电路原理与直插型元件类似,因此在讲解此类元件时,将更多关注其封装特点。

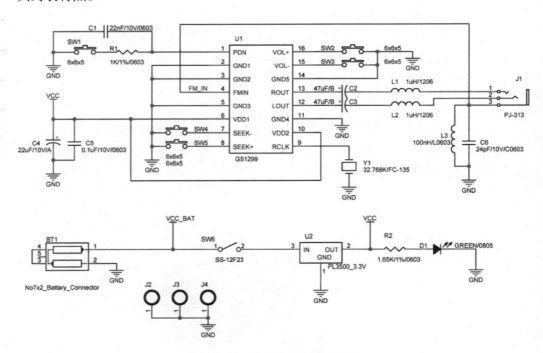

图 4-3　FM 收音机电路的原理图

根据图 4-3,FM 收音机电路的基本原理如下:

(1) GS1299(U1)是由国内某厂商生产的一款内置 MCU、用户无须编写程序的立体声收音机专用芯片。

(2) 两节 7 号电池由电池座 BT1 接入,提供 3 V 的输入电压(VCC_BAT)。该电压由拨动开关 SW6 控制,经稳压芯片 PL3500 后产生芯片电路的供电电压(VCC)。电阻 R2 和二极管 D1 构成电源是否正常的指示电路。

(3) 按键 SW1~SW5 分别连接到 GS1299 芯片的不同功能引脚,分别作为开关机、声音加、声音减、下一频道和上一频道的控制端。其中 SW1 添加电阻 R1 和电容 C1 稳定电路状态,避免干扰信号。

(4) 供电电压(VCC)经电容 C4、C5 滤波后送至 GS1299 芯片的 6、10 号引脚,为芯片提供电源电压;晶振 Y1(32.768 kHz)与芯片内部的锁相环电路共同作用,产生芯片工作所需的时钟信号。

(5) GS1299 芯片采用耳机线作为天线,当耳机接入 3.5 mm 耳机座(J1)后,FM 信号经 L3、C6 滤波后输入芯片的 4 号引脚;GS1299 芯片将会自动对 FM 信号进行解码、A/D 转换、放大,然后立体声的左右声道信号经 C2、C3、L1、L2 消除射频干扰后,输出至耳机接口。

视频
FM 收音机电路的
知识讲解

(6) J2、J3、J4 为三个螺孔。

以上是关于 FM 收音机电路的项目概况,在正式开始下一个步骤逻辑封装设计之前,需要建立项目的资料目录,养成分类存放设计文档的习惯。

4.2 逻辑封装设计

FM 收音机电路的元件数量虽然多达 26 个,但是大部分元件属于常见的通用元件,例如电阻、电容、电感、晶振、拨动开关和 LED 等,其逻辑封装一般可以在软件自带的库中找到,当然也可以调用前几个项目的相关元件逻辑封装。本节重点介绍 GS1299 芯片、电池座、耳机座、按键、晶振和螺孔的逻辑封装设计。因为很多设计技巧已经在前几个项目中学习过了,因此这里仅介绍设计要点。

4.2.1 GS1299 芯片的逻辑封装设计

GS1299 芯片的逻辑封装设计方法与项目 2 的 2.2.3 节中的 TDA7052 芯片类似,仅仅是引脚数量不同。下面来学习芯片逻辑封装设计的注意要点,分为如下两种情况:

(1) 原理图已经由电路工程师或者方案商给定。在这种情况下,PCB 工程师只需要按照给定的原理图重新使用软件进行设计即可。

(2) 原理图不确定,需要由 PCB 工程师配合电路工程师进行设计。在这种情况下,一般的逻辑封装设计方法是根据芯片数据手册给定的引脚分布,再结合电路元件的密度来确定。以本项目电路中的 GS1299 芯片为例,根据芯片数据手册,GS1299 芯片引脚说明如图 4-4 所示。

GS1299 芯片采用 SOP16 封装,引脚按逆时针方向顺序排布。工程师在设计逻辑封装时,在无特别要求的情况下,可以按照图 4-4 给定的形式和引脚排列进行设计。考虑到接入元件较多,以及绘图的美观性和整洁性,引脚间距可以适当增大,如图 4-5 所示。

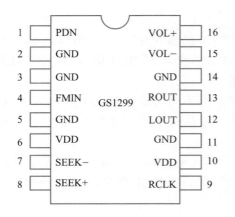

引脚名称	功能描述
GND	接地端，连接PCB地平面
FMIN	FM信号输入
RCLK	32.768 kHz参考时钟输入
VDD	电源输入
LOUT、ROUT	左、右声道输出
SEEK−、SEEK+	向下搜索、向上搜索
VOL−、VOL+	声音减小、声音增加
PDN	电路功能开启/关闭

图 4-4　GS1299 芯片引脚说明

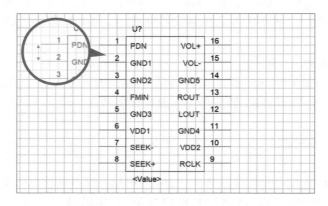

图 4-5　GS1299 芯片的逻辑封装设计

　　当然，图 4-5 不是唯一的设计形式，不少 PCB 工程师在设计芯片逻辑封装时，不会受限于引脚的顺序，而会根据引脚的功能对引脚进行分类排序。图 4-6 所示为 GS1299 芯片的另一种逻辑封装形式，使相同功能的引脚相邻。引脚分布不同时，其他外围元件的布局也要进行调整。

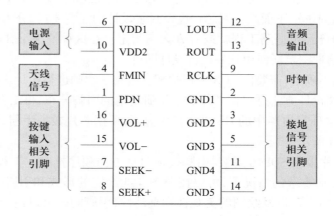

图 4-6　GS1299 芯片的另一种逻辑封装形式

4.2.2 电池座的逻辑封装设计

本项目的 FM 收音机电路采用两节 7 号电池供电,而电池座则用于将电池接入电路,电池座的逻辑封装设计需要结合实物外形进行分析,如图 4-7 所示。两节 7 号电池以首尾相反的形式接入电池座,共引出 4 个金属针脚(引脚),工程师需要根据实物形式确定引脚分布,同时后续步骤的物理封装设计必须与之对应。

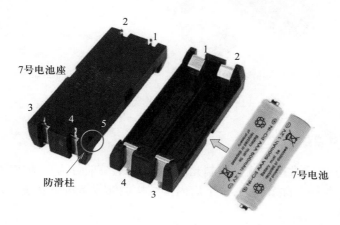

图 4-7   电池座结构分析

为了便于说明,给各引脚一个初始编号,如图 4-7 所示。电池的正极可以从 1 号或者 3 号引脚引出,按照设计习惯,选择 1 号引脚作为最终电源输出引脚,2 号引脚作为接地引脚(如果选择 3 号引脚作为输出引脚,则 4 号引脚需要接地)。需要注意到,电池座的底面还有一个突出的塑胶柱,用于焊接时的防滑和定位,进行物理封装设计时需要为该塑胶柱预留一个孔。因此,为了规范设计,设计逻辑封装时也要增加一个 5 号引脚。

根据上述分析,给出电池座逻辑封装的两种设计方案,如图 4-8 所示。两种设计方案的引脚分布是相同的,只是设计方案 2 中增加了电池座的内部结构示意图。这个例子告诉我们:一个优秀的 PCB 工程师,对于每一个设计步骤、每一个设计元素,不仅要做到"达",更要做到"雅"。这是一种优秀的工作思维方式和习惯。

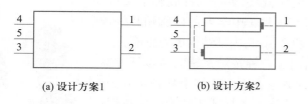

(a) 设计方案1   (b) 设计方案2

图 4-8   电池座的逻辑封装设计

4.2.3 耳机座的逻辑封装设计

本项目电路中采用的 3.5 mm 耳机座的型号为 PJ-313,相比项目 3 助听器电路中使用的 PJ-307,去掉了插入检测功能,结构相对更为简单,其逻辑封装的设计过程可以参考 PJ-307。PJ-313 耳机座的实物图和逻辑封装设计如图 4-9 所示。

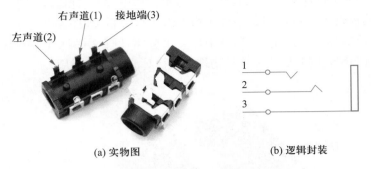

(a) 实物图   (b) 逻辑封装

图 4-9   PJ-313 耳机座的实物图和逻辑封装设计

4.2.4   按键的逻辑封装设计

按键是电子电路常用的输入控制元件,从结构上一般分为自锁按键和回弹按键两种。自锁按键,也称为自锁开关,按下后内部结构能够保持按下状态,常见的自锁按键如图 4-10 所示。

图 4-10   常见的自锁按键

回弹按键,也称为轻触按键,按下线路接通,松开则自动复原到未按下状态。项目 1 中已经学习了该类按键的使用。本项目电路中则使用了一种成本更高、触感更好的硅胶轻触按键,如图 4-11 所示。与项目 1 中学习的四脚贴片按键不同,该按键只有两个引脚,内部结构更为简单。

图 4-12 中给出了三种按键逻辑封装设计方案的对比。三种设计方案在电路连接上均是正确的,但各有优劣。设计方案 1 的样式更适合自锁按键;设计方案 2 显示了引脚的序号,对于两个引脚的非极性元件来说是没有必要的,当电路中的元件数量较多时,这些多余的引脚序号会影响原理图的整洁性。因此,设计方案 3 是更为合适的。对于封装中

图 4-11   双脚贴片式硅胶轻触按键

表示按键部分的图形,绘制时需要关闭设计软件的栅格锁定,类似的设计方法在项目 3 的 3.2.5 节中已经学习过,这里不再赘述。

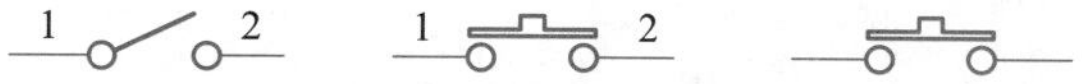

(a) 设计方案1　　　(b) 设计方案2　　　(c) 设计方案3

图 4-12　按键逻辑封装设计方案对比

4.2.5　晶振的逻辑封装设计

晶振的主要功能是为电路提供稳定的频率信号,常见的各种类型的晶振如图 4-13 所示。晶振的核心是石英晶体,如果对其施加交变电压,石英晶体就会产生机械振动,进而产生振动频率稳定的交变电场,称为压电效应。

图 4-13　各种类型的晶振

根据电路原理,晶振主要分为无源晶振和有源晶振两类。无源晶振更准确的名称是晶体(Crystal),其内部是纯粹的石英晶体,需要芯片内部锁相环等时钟电路共同工作才能起振。有源晶振(Oscillator)内部集成了起振电路,无须添加其他外部元件即可正常工作,但需要外部电源供电。

本项目采用的晶振型号为 FC-135,属于无源晶振。该类元件属于常规器件,其逻辑封装一般可以在设计软件自带的封装库中找到,如图 4-14 所示。无源晶振的两个引脚不区分正负极,因此在逻辑封装中一般不标示元件引脚序号和名称。

4.2.6　螺孔的逻辑封装设计

PCB 中的螺孔,也称为安装孔,是电子设计中的一个重要元素。顾名思义,螺孔的一个主要作用是将 PCB 固定到产品外壳上,这是它的物理机械用途。此外,螺孔还可以用于降低电磁干扰(EMI)。如图 4-15 所示,螺孔的实物外形像是一个大尺寸的过孔,或者是通孔焊盘。

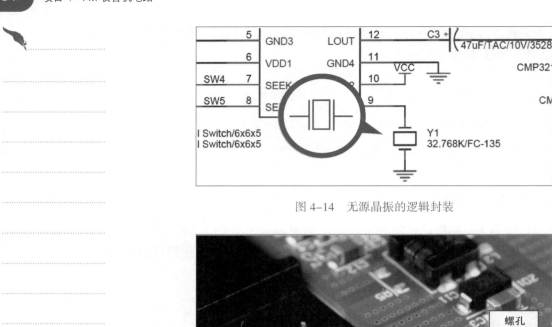

图 4-14   无源晶振的逻辑封装

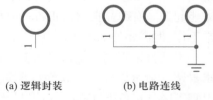

图 4-15   PCB 中的螺孔

　　螺孔的设计方法分为两种:一种是在 PCB 布局步骤中,通过手动的方式添加。这种方式不需要设计螺孔的逻辑封装,也不需要在原理图中添加螺孔,看似高效,但其实是不规范的做法。另一种更为严谨的方法是将螺孔看作电路中的元件,使之出现在各个设计环节中,以确保原理图和 PCB 图的严格一致。

　　螺孔的逻辑封装设计非常简单,其本质是一个外形类似圆圈的单引脚元件。在实际产品设计中,一些对电磁干扰比较敏感的 PCB 通常放置在金属外壳中。为了有效降低 EMI,螺孔的引脚一般需要连接地网络,这样接地屏蔽之后,电磁干扰将从金属外壳导向地面。当然,这里所说的地网络,可以是信号地,但更多情况下是指大地。

　　图 4-16 所示为本项目电路中螺孔的逻辑封装设计及电路连线,电路中使用了 3 个螺孔,并连接到地网络。

(a) 逻辑封装　　(b) 电路连线

图 4-16   螺孔的逻辑封装设计及电路连线

4.3　原理图绘制

　　PCB 工程师在该步骤的主要工作是按照给定的电路图,使用设计软件将其转化为特定格式的原理图文件。原理图绘制的本质就是从元件逻辑封装库里调取各个元件,放置于原理图页的合适位置,并进行连线。原理图绘制的基本操作已经在前面的项目中学习过,本节将讲解两个新的知识点:网络标号和元件描述规范。

4.3.1 网络标号

表示元件之间的连接关系,是原理图的核心功能。截至项目 3,已经学习了两种连接关系的表示方式,即连线和电源符号,如图 4-17 所示。

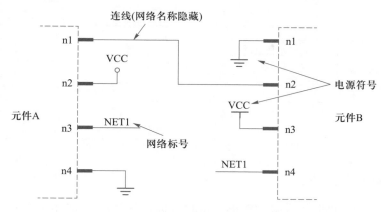

图 4-17　原理图中连接关系的表示方式

图 4-17 中元件 A 的 n1 引脚与元件 B 的 n2 引脚采用连线的方式实现连接。连线是原理图绘制中实现连接关系最常用的方式。原理图中的每一根连线都有唯一的名称,在设计软件中可以通过连线属性进行查看,该名称由设计软件自动生成。连接在一起的线,其名称都是相同的,这种连线关系称为网络。一个网络至少应该包含两个连接点,当然也可以有更多。

图 4-17 中元件 A 的 n2 引脚与元件 B 的 n3 引脚、元件 A 的 n4 引脚与元件 B 的 n1 引脚采用电源符号的方式实现连接。电源是原理图中特殊的网络,连接点的数量一般很多,如果均采用连线的方式,页面将会十分凌乱。只要电源符号的名称相同,相关的连接点就属于同一网络,与电源符号的图形无关。

网络标号是介于上述两种方式之间的一种连接关系表示方式。如图 4-17 所示,从元件 A 的 n3 引脚与元件 B 的 n4 引脚各引出一根短线,并设定一个相同的网络名称,就可以实现两个引脚之间的连接。这种方式相比连线,不需要使用线条连接,能够增加原理图的整洁度。同时,设定的网络名称相当于替代了原来软件自动生成的网络名称,可以在电路中表示一个重要的连接关系。

网络标号在原理图中的主要作用有两个:一是实现连接关系;二是标示重要网络。本项目电路的原理图中只使用了一个网络标号,是收音机天线信号的输入线路,从耳机座的 3 号引脚到 GS1299 芯片的 4 号引脚,如图 4-18 所示。

该网络包含了 4 个连接点,有 U1 的 4 号引脚、J1 的 3 号引脚,以及电感 L3 和电容 C6 的其中一端。可以注意到,即使不加网络标号,图中也已经使用连线完成了上述连接点的连接。但根据前面的知识讲解可知,如果不加网络标号,该网络的名称将由设计软件自动生成,通常由字母和数字组成,不具有辨识度。放置网络标号于该网络,能够起到标示重要网络的作用,便于后期的 PCB 布局、布线。

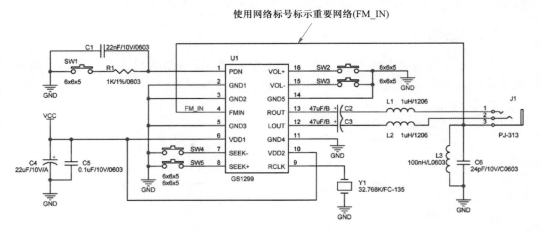

图 4-18   收音机天线信号输入线路的网络标号

4.3.2   元件描述规范

原理图中的元件除了本身的图形表示和引脚分布之外,一般还包含元件标号和元件值两个重要信息,如图 4-19 所示。元件描述规范是指元件这两个重要信息的规范和专业标示。

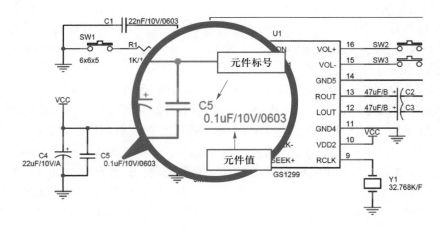

图 4-19   元件标号和元件值

1. 元件标号的描述规范

当工程师从库里调取元件,放置于原理图页时,设计软件会为元件自动分配一个元件标号。该标号一般是字母与数字的组合,字母代表元件的类型,数字代表该类元件在原理图中放置的先后顺序。元件标号可以后期手动修改,但必须确保每个元件在原理图中的元件标号是唯一的,否则无法生成电路图的连接关系网表。

在采购、焊接等环节中,元件一般被称为物料,其在原理图上的元件标号最终会体现在导出的元件清单中,因此其中代表元件类型的字母需要遵守一定的行业规范。

表 4-1 列出了不同类型元件的代表字母及类别描述。

表 4-1 不同类型元件的代表字母及类别描述

元件类型	代表字母	类别描述
电阻	R	RES
排阻	RN	RES Array
热敏电阻	RT	RES Thermal
压敏电阻	VR	RES Varistor
电容	C	CAP
排容	CN	CAP Array
钽电解电容	CT	CAP TAN
电解电容	CA	CAP Electrolytic
可变电容	VC	CAP Varistor
磁珠	FB	BEAD
电感	L	INDUCTOR
变压器	T	Transformer
二极管	D	DIODE
LED 指示灯	LED	LED
MOS 管	Q	MOSFET
三极管	Q	TRANSISTOR
芯片	U	IC
板卡内连接器	JP	CONNECTOR
板卡对外连接器	P	CONNECTOR
熔丝	F	FUSE
开关	SW	SWITCH
有源晶振	X	CRYSTAL Active
无源晶振	Y	CRYSTAL Passive
继电器	RY	Relay
蜂鸣器	B	BEEP
电池座	BAT	BAT_CON
测试点（焊盘）	TP	TEST_POINT

2. 元件值的描述规范

图 4-20 展示了一张原理图的局部,图中大部分元件的元件值均未达到规范要求。例如,电阻 R12 仅给出了阻值,而精度和封装形式均未显示;电容 C4 仅给出了电容值,缺少材质、耐压值和封装形式等信息。对于电路设计工程师,仅给出图 4-20 所示的元件值描述方式尚可理解,而这对于 PCB 工程师来说是不严谨的。

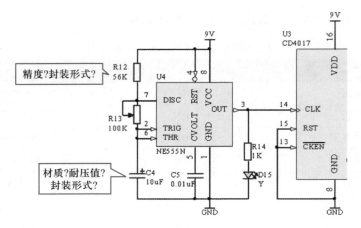

图 4-20 元件值描述不规范的示例

例如,对于一个电阻,PCB 工程师需要确定其封装形式(直插型或贴片型),还需要明确其精度(精度一般由电路设计工程师确定,在无高精度要求的情况下一般为 5%,对于一些特殊的应用场合,例如电源转换电路的分压电阻,需要达到 1% 的精度)。原理图是工程师了解电路信息的最主要途径,详细的元件描述能够有效提高信息传递的准确性。

以电阻为例,表 4-2 给出了行业对电阻元件值的描述规范。对一个电阻的完整描述包括阻值、材质、精度、功率、规格和品牌等,其中阻值、精度和规格是 PCB 设计的必要信息,其他信息可由采购工程师后期确定。因此,在进行原理图绘制时,对电阻一般采用精简描述形式,包含阻值、精度和规格三个参数。

表 4-2 电阻元件值的描述规范

阻值	1 kΩ 以下:*R;1 kΩ~1 MΩ:*K;1 MΩ 以上:*M
材质	碳膜(Carbon Film)、金属膜(Metal Film)等
精度	0.5%、1%、5%、10% 等
功率	1/20W、1/16W、1/10W、1/8W、1/4W 等
规格	直插型:AXIAL-xx;贴片型:0402、0603、0805、1206 等
品牌	国内:风华高科(FH)等;进口:TDK、YAGEO 等
完整描述示例	10K/Carbon Film/5%/1/10W/0603/FH
精简描述示例	10K/5%/0603

图 4-21 所示为本项目电路中两个电阻的元件值描述,包含了阻值、精度和规格三个参数。这里的 0603 是贴片电阻的尺寸代码,具体介绍见本项目 4.4.1 节。

同样,对于一般无极性的陶瓷电容,行业也有相应的描述规范,如表 4-3 所示。对一个陶瓷电容的完整描述包括电容值、材质、精度、耐压值、规格和品牌等,其中电容值、耐压值和规格是 PCB 设计的必要信息。电容的规格与电容值、耐压值紧密相关,因此需要在原理图中标示对应信息。图 4-22 所示为本项目电路中三个陶瓷电容的元件值描述。

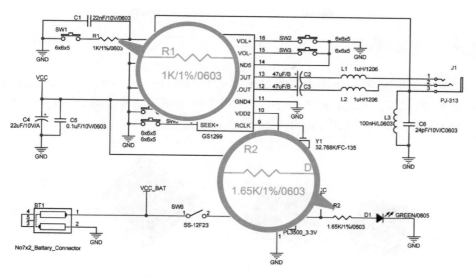

图 4-21　本项目电路中电阻的元件值描述

表 4-3　陶瓷电容元件值的描述规范

电容值	1 000 pF 以下：*pF；1~100 nF：*nF；0.1 μF 以上：*uF
材质	NPO、X7R、X5R、Y5V 等
精度	1%、5%、10%、20% 等
耐压值	4V、6.3V、16V、25V、50V 等
规格	直插型：RADL-xx；贴片型：0402、0603、0805、1206 等
品牌	国内：风华高科（FH）等；进口：TDK、YAGEO 等
完整描述示例	0.1uF/X7R/5%/10V/0603/FH
精简描述示例	0.1uF/10V/0603

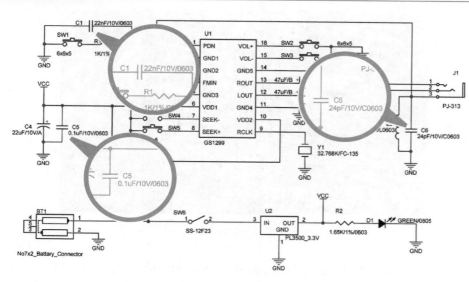

视频

FM 收音机电路的
原理图绘制

● OrCAD

● Altium Designer

● 嘉立创 EDA

图 4-22　本项目电路中陶瓷电容的元件值描述

4.4　物理封装设计

从本项目开始,项目电路中将大量采用基于 SMT(Surface Mount Technology,表面贴装技术)的元件,一般称为贴片元件。项目 1 中介绍的贴片按键、项目 2 中介绍的 TDA7052 芯片均是贴片元件,如图 4-23 所示。

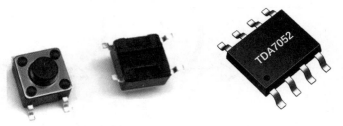

(a) 项目1中介绍的贴片按键　　　　(b) 项目2中介绍的TDA7052芯片

图 4-23　已经学习过的贴片元件

与传统的通孔元件相比,贴片元件的安装密度高,并能够减小引线分布的影响,降低寄生电容和电感,高频特性好,是目前电子设备中主要的元件类型。通孔元件,也就是直插型元件,在现代电子设备中主要用于各种接插件,例如 USB 口、网口和耳机口等。

4.4.1　贴片 RCL 元件的物理封装设计

RCL 是指电子电路中最基本的电阻(R)、电容(C)和电感(L)元件。图 4-24 所示为电子电路中的贴片 RCL 元件应用场景,这些元件呈颗粒状排列在芯片周围。

图 4-24　电子电路中的贴片 RCL 元件应用场景

三类元件可以从外观上进行区分,如图 4-25 所示。贴片电阻一般呈扁平的片状,以黑色为主,顶部标有表示阻值的数值;贴片电容一般为黄褐色,比电阻稍厚,元件体表面无数字;贴片电感一般呈长方体,黑色为主,表面无数字。

(a) 贴片电阻

(b) 贴片电容

(c) 贴片电感

图 4-25 贴片 *RCL* 元件的实物图

三类元件虽然外观上有所区别,但尺寸规格的定义标准是相同的。常见贴片 *RCL* 元件的封装有 9 种,可用两种尺寸代码来表示:一种是英制代码,也称为 EIA(美国电子工业协会)代码,由 4 位数字表示,前两位与后两位分别表示元件的长与宽,以英寸(in)为单位。例如,0805 代表元件长为 0.08 in,宽为 0.05 in,将单位从英寸转换为毫米约为 2.0 mm × 1.25 mm。另一种是公制代码,同样由 4 位数字表示,单位为毫米。例如,2012 代表元件长为 2.0 mm,宽为 1.2 mm,也就是说,2012 是英制代码 0805 对应的公制代码。图 4-26 所示为贴片 *RCL* 元件的长宽示意图,表 4-4 列出了贴片 *RCL* 元件封装的英制代码和公制代码之间的关系及详细尺寸。

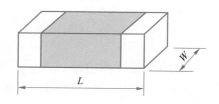
图 4-26 贴片 *RCL* 元件的长宽示意图

表 4-4 贴片 *RCL* 元件封装的尺寸代码及详细尺寸对应表

英制代码	公制代码	长 *L* /mm	宽 *W* /mm
0201	0603	0.60	0.30
0402	1005	1.00	0.50
0603	1608	1.60	0.80
0805	2012	2.00	1.25
1206	3216	3.20	1.60
1210	3225	3.20	2.50
1812	4832	4.50	3.20
2010	5025	5.00	2.50
2512	6432	6.40	3.20

图片

贴片 *RCL* 元件的规格图纸
● 电阻

● 电容

● 电感

注　意

在行业中,对于常规的 *RCL* 元件封装,一般使用英制代码表示。

本项目电路中一共有 6 个元件采用 0603(英制代码)封装,包括两个电阻、三个电容和一个电感,如图 4-27 所示。

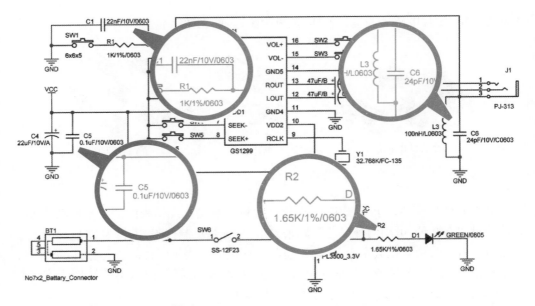

图 4-27　本项目电路中采用 0603 封装的元件

电阻、电容和电感三类元件的封装同为 0603,元件的长和宽是相同的,均为 1.6 mm × 0.8 mm,图 4-28 所示为 0603 封装的设计方案及焊接效果。

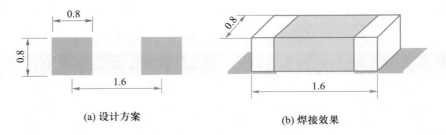

(a) 设计方案　　　　　　　　(b) 焊接效果

图 4-28　0603 封装的设计方案及焊接效果(单位:mm)

对于贴片 *RCL* 元件的物理封装设计,一种比较常用的处理方法是将元件的末端距作为贴片焊盘的中心距,如图 4-28 所示。这种方法的优点是确保元件焊接时,焊盘能够满足距离要求,避免出现封装过小的情况。当然,其缺点是元件占用的面积较大,会影响 PCB 的集成度。如果元件需要手工焊接,建议采用上述设计方法,降低焊接的难度;如果元件是机器贴装,则焊盘的中心距可以适当减小,但是要确保焊盘能够露出一部分,不能被元件完全遮挡。

另外,由于 0603 封装的电阻、电容和电感的焊盘尺寸和距离都是相同的,因此在设计时需要利用丝印来区分元件类型。图 4-29 给出了一种设计方案,通过丝印的差异化设计,PCB 工程师在后期布局、布线时可以直观地区分这三种元件。

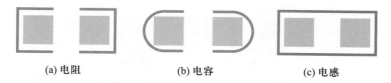

(a) 电阻   (b) 电容   (c) 电感

图 4-29 通过丝印区分 0603 封装的 RCL 元件

4.4.2 钽电容的物理封装设计

钽电容属于电解电容的一种,与普通使用电解液作为介质的电解电容相比,钽电容使用钽金属作为介质,耐高温性能更好,同时具有更高的可靠性和使用寿命。在外形上,钽电容一般为黄色或者黑色长方体,正极一端带有粗线标识,如图 4-30 所示。

图 4-30 钽电容的实物图

相比普通电解电容,钽电容的外形尺寸更小,集成化程度更高。在目前高密度的电子电路中,更多使用钽电容代替普通电解电容。钽电容物理封装的设计方法与普通贴片 RCL 元件类似,关键在于得到元件的长宽参数。图 4-31 所示为某厂商钽电容的选型及尺寸规格表。

钽电容的物理封装设计过程分为如下两个步骤:

1. 根据需求确定可选尺寸

本项目电路中共使用了三个钽电容,如图 4-32 所示。以 C4 为例,"22uF/10V/A"表示其电容值为 22 μF,耐压值为 10 V,规格为 A。通过对比图 4-31,在 22 μF、10 V 条件下,可以提供 A/B/C 三种规格。考虑尽量小型化的要求,最终选用 A 规格。结合图 4-31 中上方的表格,A 规格代表电容的长为 3.2 mm,宽为 1.6 mm,该规格对应的公制代码为 3216。同理,可以确定另外两个 47 μF 的钽电容封装应该为 B 规格,对应的公制代码为 3528。

注　意

钽电容的封装一般采用公制代码表示,而常规的贴片 RCL 元件的封装则一般采用英制代码表示,要注意区分。

2. 根据尺寸设计物理封装

以 10 μF 钽电容为例,图 4-33 给出了 A 规格钽电容的两种物理封装设计方案。

注　意

钽电容属于极性元件,同样需要遵守"1 正 2 负"的设计规则,并使用丝印标示正极端。

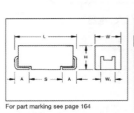

CASE DIMENSIONS: millimeters (inches)

Code	EIA Code	L±0.20 (0.008) 0.10 (0.004)	W+0.20 (0.008) 0.10 (0.004)	H+0.20 (0.008) 0.10 (0.004)	W₁±0.20 (0.008)	A+0.30 (0.012) 0.30 (0.008)	S Min.
A	3216-18	3.20 (0.126)	1.60 (0.063)	1.60 (0.063)	1.20 (0.047)	0.80 (0.031)	1.10 (0.043)
B	3528-21	3.50 (0.138)	2.80 (0.110)	1.90 (0.075)	2.20 (0.087)	0.80 (0.031)	1.40 (0.055)
C	6032-28	6.00 (0.236)	3.20 (0.126)	2.60 (0.102)	2.20 (0.087)	1.30 (0.051)	2.90 (0.114)
D	7343-3	7.30 (0.287)	4.30 (0.169)	2.90 (0.114)	2.40 (0.094)	1.30 (0.051)	4.40 (0.173)
E	7343-43	7.30 (0.287)	4.30 (0.169)	4.10 (0.162)	2.40 (0.094)	1.30 (0.051)	4.40 (0.173)
V	7361-38	7.30 (0.287)	6.10 (0.240)	3.45±0.30 (0.136±0.012)	3.10 (0.120)	1.40 (0.055)	4.40 (0.173)

For part marking see page 164

W₁ dimension applies to the termination width for A dimensional area only.

CAPACITANCE AND RATED VOLTAGE, V_R (VOLTAGE CODE) RANGE (LETTER DENOTES CASE SIZE)

μF	Code	2.5V (e)	4V (G)	6.3V (J)	10V (A)	16V (C)	20V (D)	25V (E)	35V (V)	50V (T)
0.10	104								A	A
0.15	154								A	A/B
0.22	224								A	A/B
0.33	334							A	A	B
0.47	474							A	A/B	A/B/C
0.68	684						A	A	A/B	A/B/C
1.0	105				A	A	A	A	A/B	A⁽ᴹ⁾/B/C
1.5	155				A	A	A	A/B	A/B/C	C/D
2.2	225			A	A	A/B	A/B	A/B	C/D	C/D
3.3	335			A	A	A/B	A/B	A/B/C	B/C	C/D
4.7	475		A	A	A/B	A/B	A/B/C	A/B/C	B/C/D	D
6.8	685		A	A/B	A/B	A/B/C	A/B/C	B/C	C/D	D
10	106		A	A/B	A/B/C	A/B/C	B/C	C/D	C/D/E	D/E/V
15	156		A/B	A/B/C	A/B/C	A⁽ᴹ⁾/B/C	B/C/D	B/C/D	C/D	D/E/V
22	226		A	A/B/C	A/B/C	A/B/C	B/C/D	B/C/D	D/E	V
33	336	A	A/B	A/B/C	A/B/C/D	B/C/D	C/D	D/E	D/E/V	
47	476	A	A/B	A/B/C/D	A/B/C/D	B/C/D		D/E	E/V	
68	686	A	A/B/C	B/C/D	B/C/D			E/V	V⁽ᴹ⁾	
100	107	A/B	A/B/C	B/C	B⁽ᴹ⁾/C/D/E	D/E	D/E/V	V		
150	157	B	B/C	C/D	C/D/E	D/E/V	E/V			
220	227	B/D	B⁽ᴹ⁾/C/D	C/D/E	D/E	D/E/V				
330	337	D	C/D/E	C/D/E	E/V	E/V				
470	477	C/D	D/E	D/E/V	E/V					
680	687	D/E	D/E	E/V	V					
1000	108	D⁽ᴹ⁾/E	D/E/V	V⁽ᴹ⁾						
1500	158	D/E/V	E/V⁽ᴹ⁾							
2200	228	V								

（图中箭头标注：A/B/C）

图 4-31　某厂商钽电容的选型及尺寸规格表

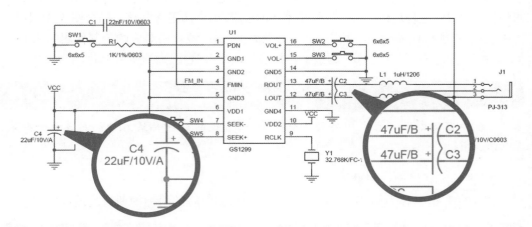

图 4-32　本项目电路中的钽电容

图 4-33 中,设计方案 1 是更好的选择,因为设计方案 2 中的"+"号标记在设计软件中会被判断为元件的实体范围,从而额外增大元件占用的 PCB 空间。

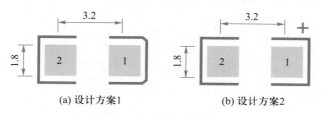

(a) 设计方案1　　　　　　(b) 设计方案2

图 4-33　A 规格钽电容的物理封装设计方案(单位:mm)

通过以上的学习,相信大家已经可以熟练掌握简单贴片元件的封装设计,本项目电路中的贴片晶振(Y1)、按键(SW1~SW5)、电感(L1、L2)、贴片 LED(D1)的物理封装均可以采用相似的方法进行设计。

注　意

贴片 LED 属于极性元件,必须使用丝印标示正极位置。

另外,GS1299 芯片物理封装的设计方法与项目 2 中介绍的 TDA7052 芯片类似,只是引脚数量从 8 个增加至 16 个而已,可以参照项目 2 的 2.4.4 节的内容进行学习,这里不再赘述。

4.4.3　稳压芯片的物理封装设计

本项目的电源电路中采用了一颗 PL3500 系列,输出电压为 3.0 V 的低压差线性稳压芯片(Low Dropout Regulator,LDO)。图 4-34 所示为 PL3500 稳压芯片的逻辑封装与实物图,芯片的电路功能比较简单,可将从 3 号引脚输入的电压稳定至 3.0 V,并从 2 号引脚输出。芯片采用 SOT(Small Outline Transistor,小外形晶体管)封装,SOT 封装是一种表面贴装的封装形式,一般用于引脚小于或等于 5 个的小外形晶体管。

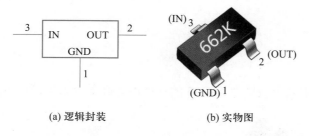

(a) 逻辑封装　　　　　　(b) 实物图

图 4-34　PL3500 稳压芯片的逻辑封装与实物图

图 4-35 所示为 PL3500 稳压芯片的规格图纸,芯片整体尺寸(长×宽)约为 3 mm×3 mm,引脚从芯片主体的上下两端伸出。此类封装的设计关键在于确定引脚的尺寸和定位坐标。图 4-35 中给出了建议的物理封装参数,焊盘大小为 1 mm×0.6 mm,而芯片引脚与焊盘接触部分的实际尺寸为 0.25 mm×0.4 mm,焊盘根据实际情况增加了足够的余量。如果元件使用机器自动贴装,则焊盘的尺寸可以适当减小,例如 0.5 mm×0.5 mm。

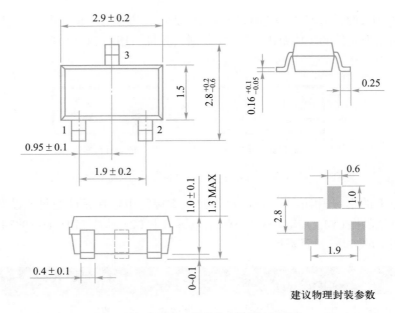

图片
PL3500 稳压芯片的规格图纸

图 4-35   PL3500 稳压芯片的规格图纸（单位：mm）

确定焊盘尺寸后,下一步的工作是选择元件的中心作为原点,计算各焊盘的位置坐标。如图 4-36 所示,将元件上下两端引脚的末端距作为焊盘的中心距,可以计算出 3 号焊盘的坐标为 $(0,1.4)$,1 号焊盘的坐标为 $(-0.95,-1.4)$,2 号焊盘的坐标为 $(0.95,-1.4)$。

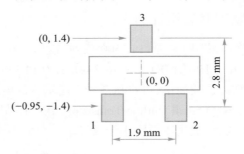

图 4-36   PL3500 稳压芯片的物理封装设计

4.4.4   耳机座的物理封装设计

本项目电路中采用型号为 PJ-313 的立体声耳机座,其实物图及内部电路如图 4-37

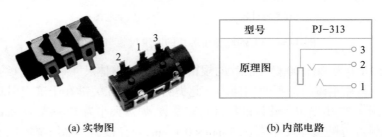

(a) 实物图   (b) 内部电路

图 4-37   PJ-313 耳机座的实物图及内部电路

所示。根据内部电路,PJ-313 耳机座一共包含 3 个引脚,其中 3 号引脚是接地端,1、2 号引脚为左、右声道。

> **注　意**
>
> 不同厂商的产品针对引脚的命名排序不一定相同,必须按照厂商给定的图纸进行设计。

图 4-38 所示为 PJ-313 耳机座的规格图纸。结合规格图纸和实物图可知,耳机座的 3 个金属引脚的结构并不一致,2、3 号引脚分别具有 2 个横跨元件的针脚,而中间的 1 号引脚只有 1 个针脚。此外,耳机座底部还有 2 个塑胶圆柱,用于固定位置和防滑。根据图纸中建议的封装设计,一共需要 7 个孔,其中 1~5 为电镀孔(通孔焊盘),6、7 为非电镀孔。5 个电镀孔的内直径参数为"1.3×0.8",即长为 1.3 mm,宽为 0.8 mm,使用槽型孔的形式设计,如图 4-39 所示。两个非电镀孔的内直径为 1.6 mm。

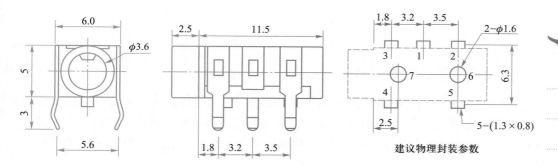

图 4-38　PJ-313 耳机座的规格图纸(单位:mm)

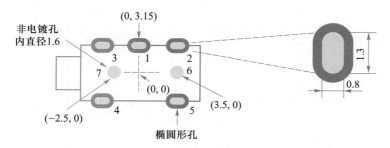

图 4-39　PJ-307 耳机座物理封装设计(单位:mm)

如图 4-39 所示,选择元件的中心作为原点,进而根据规格参数可以计算其他焊盘的位置坐标。例如,1 号焊盘与元件中心竖直方向对齐,因此横坐标为 0,纵坐标是上下两行焊盘距离的一半,即 6.3/2=3.15;2~5 号焊盘的位置坐标可以根据相对关系确定;6 号非电镀孔的坐标计算较为简单,为(3.5,0);7 号焊盘的纵坐标为 0,但横坐标没有直接在图 4-38 中标示,需要根据 3、4 号焊盘离左侧边沿的相对位置进行计算,2.5-1.8=0.7 是 7 号焊盘与 3、4 号焊盘的横坐标差值,因此 7 号焊盘的横坐标为

$-(3.2-0.7)=-2.5$。最后需要注意，丝印也要严格按照参数绘制，可适当预留余量，在实际值的基础上加 0.2 mm 左右。

对比 PJ–307 耳机座的逻辑封装和物理封装可以发现，其引脚数量不一致，如图 4–40 所示。PCB 设计软件会将相同序号的引脚对应起来，而物理封装中额外的引脚将会被设置为"悬空"状态。这种情况在实际设计中是允许的，主要是为了简化逻辑封装的设计，但是 PCB 工程师必须对引脚的对应关系严格核查，避免由于封装定义错误而出现电路问题。

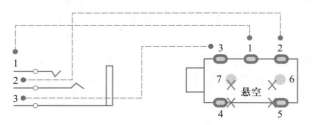

图 4–40　引脚数量不一致的逻辑封装和物理封装匹配

4.4.5　电池座的物理封装设计

如图 4–41 所示，双节电池座的封装一共包含 5 个引脚，其中 1~4 号引脚对应普通的圆形电镀孔焊盘，5 号引脚对应圆形非电镀孔焊盘。与耳机座物理封装的设计方法类似，以电池座的中心为原点，即可根据图纸所示的相对距离参数计算出各焊盘的坐标。

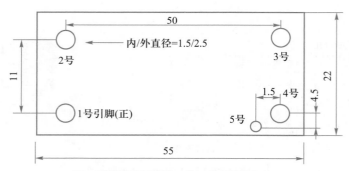

注：5 号焊盘是固定孔，内、外直径均为 1.5。
制作封装时，必须标注正、负引脚。

图 4–41　双节电池座的规格图纸（单位：mm）

4.4.6　拨动开关的物理封装设计

本项目电路采用型号为 SS–12D23 的拨动开关，与项目 3 电路中的 SS–12D00 拨动开关的区别是尺寸和拨动端角度不同，SS–12D23 采用 90° 弯折的结构形式，如

图 4-42 所示。

图 4-43 所示为 SS-12D23 拨动开关的规格图纸,其中重要的参数如下:

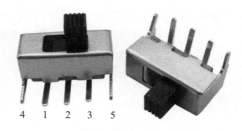

图 4-42 SS-12D23 拨动开关实物图

* 引脚的形状参数(宽×厚):1~3 号引脚为 0.8 mm×0.5 mm,4、5 号引脚为 0.5 mm× 0.5 mm。

* 引脚间距:1~3 号引脚为 3.0 mm,4、5 号引脚为(13.0−0.5)mm=12.5 mm。

* 拨动开关在平面上的投影尺寸(长×宽):13.0 mm×6.9 mm。

* 元件焊接后,开关的拨动端是伸出 PCB 外部的,其移动范围与外壳的开孔紧密相关,因此在物理封装设计时必须严格标示,即图中的 6.2 mm。

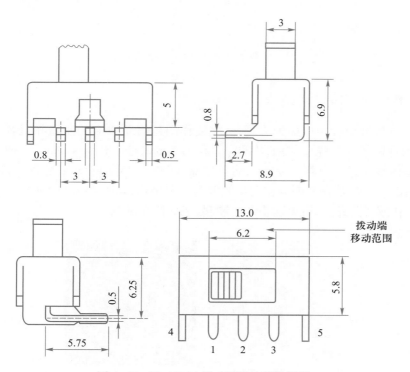

图 4-43 SS-12D23 拨动开关的规格图纸

需要注意的是,在本例中,如果选择元件中心作为原点,则很难确定焊盘的位置坐标,而选择中间的 2 号引脚的焊盘中心作为原点时,可以更容易地计算出其他焊盘的位置坐标,如图 4-44 所示。根据上述参数,可以得到拨动开关物理封装的设计要点如下:

(1) 焊盘为通孔焊盘,内直径大于实际引脚外形,可取一般通孔的内直径大小,如 0.8 mm 左右,外直径可在内直径的基础上增加 60%。在本例中,内直径为 0.8 mm,外直径为 1.5 mm。

(2) 1~3 号焊盘间距与引脚间距严格一致,取 3.0 mm。因为 2 号焊盘为原点,因此可以得到 1、3 号焊盘的坐标分别为(−3,0)和(3,0)。4、5 号焊盘相距 12.5 mm,因此两个焊盘的位置坐标分别为 $(-6.5,0)$ 和 $(6.5,0)$。

（3）元件外形为矩形，尺寸等于或者稍大于 $13.0 \text{ mm} \times 6.9 \text{ mm}$。注意拨动端移动范围标示要准确，即图中的 6.2 mm。

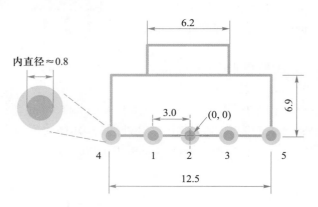

图 4-44   拨动开关物理封装的设计（单位：mm）

4.4.7   螺孔的物理封装设计

螺孔在 PCB 设计中也称为工具孔，主要作用是辅助 PCB 的制造和组装。本项目的 PCB 中预留了 3 个螺孔，要求孔的内直径为 3 mm，外直径为 4 mm。一种简单的设计方案是直接放置一个符合要求的通孔焊盘，如图 4-45（a）所示。除此之外，另一种更高级的设计方案是在外围铜皮上再放置若干个小孔，如图 4-45（b）所示。这种形式称为卫兵孔或者防爆孔，可以防止铜皮翘起，保证良好接地。

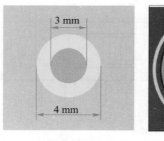

(a) 设计方案1   (b) 设计方案2

图 4-45   螺孔的物理封装设计

4.5   网表的局部更新

网表是联系原理图和 PCB 图之间的桥梁，如前所述，网表处理需要完成写入物理封装信息、网表导出和网表导入三项工作，其基本原理和操作在前三个项目中已经学习，这里不再重复。本节讲解一个新的知识点：网表的局部更新。

在完成网表导入、PCB 布局 / 布线的过程中，经常会遇到需要修改少数元件连接、修改封装等问题。需要特别注意的是,任何修改都会被认为是一个工程设计更改(Engineering Change Order,ECO),包括引脚交换、删除或添加元件、删除或添加网络、重命名元件、重命名网络等。PCB 设计软件一般会提供 ECO 模式,在不修改原理图的情况下,直接在 PCB 图中对设计进行更改。虽然这种方式直接方便,但是不推荐,因为会导致 PCB 图和原理图的不同步。PCB 工程师必须时刻确保原理图和 PCB 图严格同步,这是一个良好的设计习惯,如图 4-46 所示。

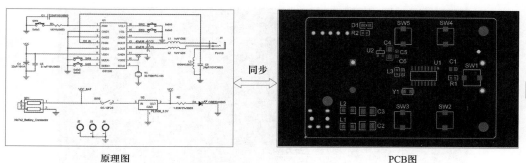

同步

图 4-46　原理图和 PCB 图的同步

原理图　　　　　　　　　　PCB图

视频
FM 收音机电路的网表处理
● OrCAD+PADS

● Altium Designer

● 嘉立创 EDA

因此,更为严谨的做法是修改原理图文件,再通过网表,将变化同步更新到 PCB 图中,这种方式称为网表的局部更新。PCB 设计软件均支持网表的局部更新功能,但是不同软件的操作方法各不相同,可以参照操作视频进行学习。同一公司设计软件之间的更新是非常方便的,例如 Altium Designer 原理图至 PCB、PADS Logic 至 PADS Layout、Cadence OrCAD 至 Allegro 等。不同公司设计软件之间的更新需要将网表单独导出,操作步骤相对复杂,例如 OrCAD 至 PADS Layout。

注　意

这里所说的电路修改是指所有跟电气连接相关的变化。对于原理图中的文本修改、线条图形变化之类的非电气属性修改,不需要进行网表更新。

4.6　PCB 布局

4.6.1　导入结构文件

结构文件是描述 PCB 外形尺寸、安装孔大小和位置、定位孔大小和位置、连接器形状和位置等信息的文件,一般由结构工程师给出,PCB 工程师可以通过结构文件与结构工程师进行交互。结构文件一般为 DXF(Drawing Exchange Format,绘图交换格式)文件,是 AutoCAD 等设计软件的标准输出格式文件。

一般来说,如果 PCB 的板框是简单的矩形、圆形、多边形等,则不需要导入结构文件来建立板框,在设计软件中自行绘制即可,这是前三个项目中采用的方式。但是,如果 PCB 外形复杂,而结构工程师需要对外形等参数进行约束的话,就需要 PCB 工程师导入由结构工程师提供的结构文件,以确定 PCB 的外形、安装孔等参数。

图 4-47 所示为本项目电路的结构文件,图中明确标示了板框的形状和尺寸,同时标记了关键接插件的位置和朝向。将结构文件导入 PCB 后,工程师可以直接将表示板框的线条图形转换为板框,并将关键接插件按照结构文件的标示进行放置,具体的实现方法可参照该步骤的操作视频。

资料
FM 收音机电路的
结构文件

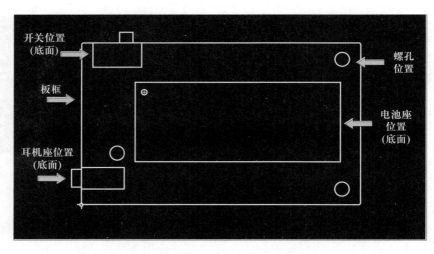

图 4-47　FM 收音机电路的结构文件

4.6.2　元件双面布局

元件布局的基本原则是:在通常条件下,所有元件均应布置在 PCB 的同一面上;当顶层元件分布过于密集时,可以将一些高度有限并且发热量小的器件,如贴片电阻、贴片电容、贴片芯片等放在底层;若部分元件的体积过大,可以将其放置于底层,以减小 PCB 的尺寸。

本项目电路中,双节电池座的体积很大,甚至大于整个 PCB 的估算尺寸,如果将其放置于顶层,将会导致 PCB 面积的浪费。同时,根据结构文件的标示,该元件必须放置于底层。在前三个项目中,所有元件均放置于顶层,因此本节将会学习元件的双面布局。

图 4-48 所示为本项目电路 PCB 的 3D 效果图,可以看到绝大部分元件均放置于

图 4-48　FM 收音机电路 PCB 的 3D 效果图

顶层,只有电池座、耳机座和拨动开关三个元件放置于底层。通过元件双面布局的方式,可以有效提高 PCB 的面积利用率。关于元件双面布局的一些进阶技巧将在下一个项目中继续学习。

图 4-49 和图 4-50 给出了本项目电路 PCB 布局的其中一种方案,读者可以参考该方案放置元件。

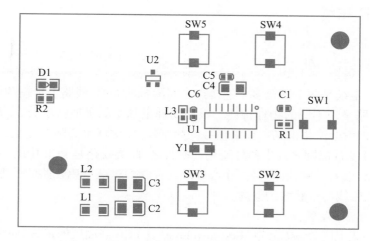

图 4-49　本项目电路 PCB 顶层(Top)的元件布局

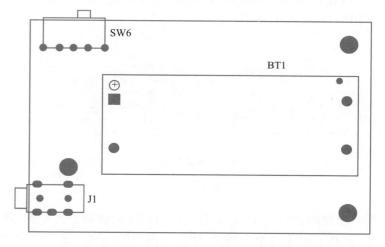

图 4-50　本项目电路 PCB 底层(Bottom)的元件布局

视频

FM 收音机电路的 PCB 布局

● PADS

● Altium Designer

● 嘉立创 EDA

该方案遵循了按信号流向进行布局的原则,要点如下:

原则 1:通常按照信号的流向逐个安排各个功能电路单元的位置,以每个功能电路的核心元件为中心,围绕它进行布局。

本项目电路中,FM 无线电信号通过耳机线(天线)接收,并经 PCB 左下角的耳机接地端进入电路,输入 GS1299 芯片进行解码。顶层元件布局的关键是以 GS1299 芯片为中心,遵守邻近原则和便于布线的原则放置其他元件。

原则 2:元件的布局应便于信号流通,使信号尽可能保持一致的方向。多数情况下,信号的流向安排为从左到右或从上到下,与输入、输出端直接相连的元件应当放置在靠近输入、输出接插件或连接器的地方。

本项目电路中,信号和电源均从 PCB 的左侧进入,按照从左到右的原则进行布局。电路中的耳机座同时作为无线电信号输入和音频输出的接插件,因此信号无法满足右侧输出的原则。

4.7 PCB 布线

4.7.1 敏感线路的处理

PCB 上的走线是两个甚至多个连接点之间的金属通路,线路上传输的信号的频率不同,会让线路呈现不同的物理特性。根据物理里基本的奥斯特实验,一根导线通电以后,导体周围就会产生磁场。如果信号的频率较高,磁场也会随之变化,交织变化的磁场会让 PCB 的性能随之发生各种变化。换言之,此类线路是 PCB 中的"不安分子",称为敏感线路,或者高频线路,必须小心处理。在学习这些敏感线路的处理方法之前,首先来学习微带线与带状线的概念。

1. 微带线与带状线

从一般形式上区分,微带线(Microstrip Line)是 PCB 表面层的走线,而带状线(Strip Line)是埋在 PCB 内层的走线,如图 4-51 所示。图中,灰色部分是金属导体(线或者铜皮),蓝色部分是 PCB 的绝缘电介质。

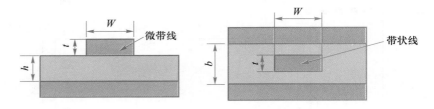

■ 导体   ■ 绝缘电介质

图 4-51   PCB 中的微带线与带状线

微带线的一面裸露在空气中,意味着可以向周围形成辐射或受到周围的辐射干扰,而另一面附在 PCB 的绝缘电介质上,所以它形成的电场一部分分布在空中,另一部分分布在 PCB 的绝缘电介质中。微带线中的信号传输速度要比带状线中的信号传输速度快,这是其突出的优点。

带状线嵌在两层导体之间,它形成的电场都分布在两个包围它的导体(平面)之间,不会辐射出去能量,也不会受到外部的辐射干扰。但是由于它的周围全是绝缘电介质(介电常数比 1 大),所以信号传输速度相比微带线要慢。

总结上述分析,因为微带线一面是绝缘电介质,一面是空气,因此信号传输速度很快,一些对信号速度要求较高的信号线,如差分线等,会采用微带线的形式设计。带状线两边都有电源或者地层,因此阻抗容易控制,同时屏蔽性能好,但是信号速度会慢一些。

完整的高频信号分析和 PCB 设计涉及的知识很多,并不是简单的三言两语可以解释清楚的。随着项目经验的不断丰富,一定会逐渐接触到相关的设计,例如下一个项目中将要介绍的差分线。

2. FM 信号和时钟输入线路的处理

本项目电路中的敏感线路主要有两个:一是耳机座接入的 FM 信号输入线路,二是晶振时钟信号输入线路,如图 4-52 所示。

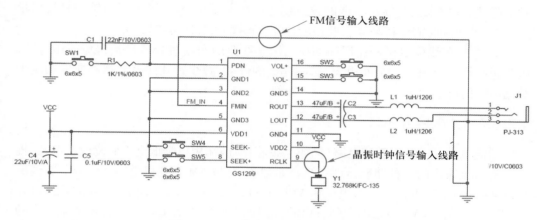

图 4-52　FM 收音机电路中的敏感线路

对于敏感信号的布线,一般遵循以下几个原则:

原则 1:优先绘制相关的敏感线路。布线是有优先级的,对于一个 PCB 中的敏感信号以及关键线路,应该优先绘制,以尽量避免绕线、换层等影响布线质量的问题。

原则 2:对重要线路进行"包地"处理。包地,顾名思义就是要将信号线周围用接地属性的线或者铜皮包裹起来,该方法能够有效降低信号串扰。特别是本项目电路 PCB 中的两层板,因为没有中间层用作参考平面,重要信号的包地就很重要。如图 4-53 所示,对于 FM 信号输入线路,采用了大面积的地属性铜皮进行包裹。

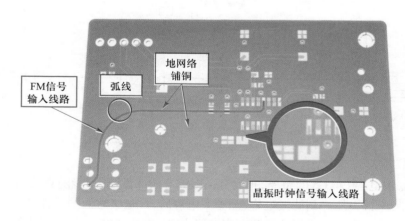

图 4-53　FM 收音机电路敏感线路的布线

图片
FM 收音机电路敏感
线路的布线

原则 3:布线的弯折越少越好。最理想的状态是全部使用直线,需要弯折的场合则可使用 45° 折线或者圆弧实现。但在高频电路中,弯折的布线较少时可以减少高频信号对外的发射和相互间的耦合。如图 4-53 所示,FM 信号输入线路做了弧线处理。

原则 4:布线的长度越短越好。信号的辐射强度是和信号线的走线长度成正比的,高频信号引线越长,它就越容易耦合到靠近它的元件上,所以对于晶振时钟信号线、DDR(双倍数据速率)数据信号线、LVDS(低电压差分信号)线、USB 线、HDMI 线等高频信号线,都要求其走线尽可能的越短越好。在本项目中,为了保证时钟信号线尽量短,在元件布局时需要将晶振靠近芯片对应引脚摆放,如图 4-53 所示。

原则 5:布线要尽量避免层间切换。敏感线路的布线过程要尽量避免使用过孔,因为过孔会引入额外的分布电容,影响连线的性能,减少过孔能显著提高速度和减少数据出错的可能性。

4.7.2　滤波电容的布线

滤波电容是安装在整流电路(例如电源芯片)两端用以降低交流脉动纹波系数,提升平滑直流输出的一种储能器件。结合原理图,分析 FM 收音机电路的电源分布情况如图 4-54 所示。电池提供的电压为 VCC_BAT,由开关 SW6 控制通断,输入稳压芯片 U2 产生工作电压 VCC(浅蓝色线);VCC 经过两个滤波电容 C4、C5 后,输送至芯片的 6 号和 10 号引脚,为芯片提供工作电压(深蓝色线)。

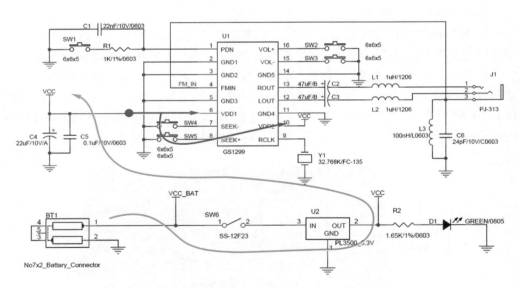

图 4-54　FM 收音机电路的电源分布情况

两个滤波电容 C4、C5 的布局、布线直接影响滤波的性能,不能随意绘制。布局、布线的原则是:电源电压先到滤波电容,经滤波电容后,再送给后面的元件。

图 4-55 所示为一种错误的滤波电容布线方案。图中深蓝色为电源网络相关端点,浅蓝色为接地网络相关端点;A 点为电源输出端点,经两个电容滤波后,输送至 B 点。图中使用铺铜的方式完成布线连接,看起来很美观,但没有达到真正的滤波效果。图

中的虚线代表电流的流动方向,在这种布线方式下,电流可以"绕过"滤波电容从 A 点直接到达 B 点。一种正确的滤波电容布线方案如图 4-56 所示。

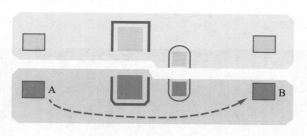

图 4-55　错误的滤波电容布线方案

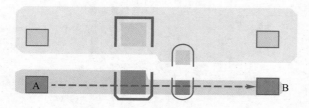

图 4-56　正确的滤波电容布线方案

滤波电容接在直流电源的正、负极之间,以滤除直流电源中不需要的交流成分,使直流电平滑。实际应用中,一般常采用大容量的极性电容(钽电容 C4),也可以在电路中同时并接其他类型的小容量电容(陶瓷电容 C5)以滤除高频噪声。在大小电容的布局上,按电流方向,遵循由大到小的原则。例如,在本项目中,大电容 C4 应该比小电容 C5 更靠近电源芯片的输出引脚。

4.7.3　静态铜的设计

在 PCB 设计中,大面积的铺铜包括两个重要类型:动态铜和静态铜。动态铜(Copper Pour),也称为灌铜,铜皮会主动地去区分覆铜区的过孔和焊点的网络,如果过孔与焊点在同一个网络中,那么动态铜将会根据设定好的规则将过孔、焊点和铜皮连接在一起,反之,铜皮与过孔和焊点之间会保持一个安全的距离。前两个项目中学习的铺铜方式就是动态铜。

静态铜(Copper),也称为硬铜或者固态铜,铜皮是实心的,会将所画区域内的所有连线和过孔全部连接到一起,即"所画即所得"。静态铜不会考虑所画铜块是否属于同一个网络,容易造成短路,PCB 工程师必须小心处理。

静态铜在 PCB 设计中具有特殊的应用优势,具体如下:

(1)电源散热:在电源布线时,经常需要大面积的铜皮来进行散热,此时使用静态铜方式比较合适。

(2)处理特殊区域:在开始布线之前,可以使用静态铜将特殊区域都绘制好,使得其他信号线无法从此地经过,从而避免在设计过程中出错。

(3)狭小空间铺铜:在芯片底面区域等狭小空间内,动态铜方式因为受到安全距离的限制,往往难于铺出满意的效果;而在静态铜方式下,PCB 工程师可以完全自主控制所画区域的形状。

在本项目中,工作电压 VCC 经过滤波电容后,使用静态铜的方式连接至芯片的相关引脚,如图 4-57 所示。

视频

FM 收音机电路的
PCB 布线
● PADS

● Altium Designer

● 嘉立创 EDA

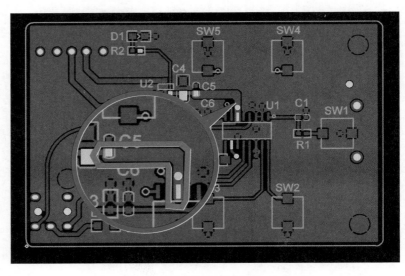

图 4-57　使用静态铜方式设计的 VCC 网络

4.8 PCB 制造工艺

一个优秀的工程师,必须熟悉 PCB 的制造工艺,才能设计出符合制造标准的 PCB。PCB 设计完毕后,在导出制造文件提供给制造商的同时,必须提供 PCB 的制造工艺要求,制造商才可以按照要求生产 PCB。图 4-58 所示为某一制造商的 PCB 制造工艺要求表,该表需要由 PCB 工程师填写。不同制造商的工艺要求表格式不同,但基本内容大致相同。本节重点讲解制造所需的基本工艺参数。

4.8.1 板材类型

按结构不同,PCB 可以分为刚性和柔性两类,本书仅讨论刚性 PCB 一类的材质。生产 PCB 的板材,又称为基材、芯板、覆铜板等,是制作 PCB 的基础材料,其本质是将玻璃纤维布或其他增强材料浸以树脂,一面或双面覆以铜箔并经热压而制成的一种板状材料,如图 4-59 所示。

按照板材中树脂类型以及应用场合的不同,PCB 主要分为以下几类:

● 纸基酚醛板:由酚醛树脂与纤维纸组成,代号包括 XPC、XXXPC、FR-1 及 FR-2 等。

● 复合基板:主要包括 CEM-1(环氧纸基芯料)和 CEM-3(环氧玻璃无纺布芯料)两种。

● 玻璃纤维板:以环氧树脂做黏合剂,以电子级玻璃纤维布做增强材料的一类基

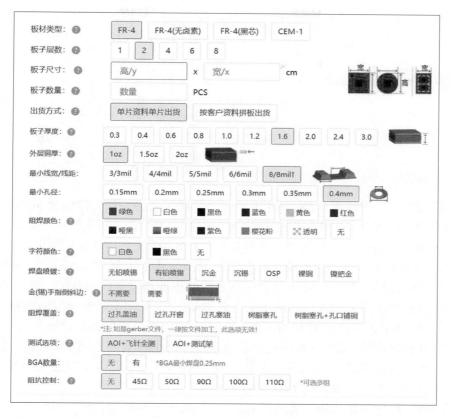

图 4-58　某一制造商的 PCB 制造工艺要求表

板,代号为 FR-4、FR-5。

● 高性能板材:其他特殊的非酚醛、非 FR-4
类树脂板材等材料。

在上述板材类型中,FR-4 是目前应用最为
广泛的一类板材。FR-4 其实是一种耐燃材料等
级的代号,代表树脂材料在燃烧状态下必须能够
自行熄灭的一种材料规格。FR-4 不是一种材料
名称,而是一种材料等级。FR-4 的玻璃纤维结
构为材料提供了结构稳定性,环氧树脂带来了耐
用性和强大的机械性能。

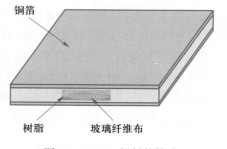

图 4-59　PCB 板材的构成

因此,对于本项目中的 FM 收音机电路,可以选择最常用的 FR-4 板材,并根据
PCB 的尺寸参数填写工艺要求的相关部分,如图 4-60 所示。板子数量和出货方式根
据实际需要填写。

不同的板材直接影响 PCB 的性能,特别是一些高频应用的 PCB,需要选择合适的
板材。更为复杂的工艺知识,需要在以后更多的工程项目里学习积累。

图 4-60   板材类型及尺寸参数

4.8.2 铜厚

铜箔的厚度,俗称铜厚,是指沉淀于 PCB 基底层上的一层薄薄的金属箔,也就是 PCB 里线、铜皮、焊盘等金属元素的厚度。按照位置,铜厚分为内层铜厚和外层铜厚,一般使用质量单位盎司(oz,$1\ oz \approx 28.35\ g$)来计量。在 PCB 制造工艺里,$1\ oz$ 铜厚定义为将 $1\ oz$ 质量的铜平铺在 $1\ in^2$ 面积内形成的铜箔厚度,转换为尺度单位约为 $35\ \mu m$($1.4\ mil$)。

根据基本的物理知识,导体的电导率和线的长度和横截面积有关。对于 PCB 上的印制线路,线的宽度和铜厚共同决定了其横截面积,从而会影响导线的电导率。在线宽一定的情况下,增加铜厚相当于加大电路横截面积,从而能够承载更大的电流。

铜厚的增大能够提高 PCB 线路的载流能力,但也意味着制造成本的提高。目前一般单、双面 PCB 的铜厚为 $1\ oz$,多层板表层、底层铜厚为 $1\ oz$,内层铜厚为 $0.5\ oz$,如图 4-61 所示。铜厚主要取决于 PCB 的用途和信号的电压、电流的大小。普通的 $0.5\ oz$、$1\ oz$、$2\ oz$ 铜厚的 PCB 多用于消费类及通信类产品,而 $3\ oz$ 以上铜厚的 PCB 属于厚铜产品,大多用于大电流、高电压产品,例如电源板。

根据以上分析,对于 FM 收音机电路,可以填写其他几个重要的制造工艺参数,如图 4-62 所示。因为前面已经选择了 PCB 的层数为 2,两层板没有内层电路,因此这里仅需设置外层铜厚,选择一般值 $1\ oz$ 即可。

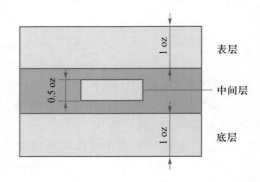

图 4-61   常规的 PCB 铜厚设置值

图 4-62   外层铜厚及其他参数

4.8.3 板子厚度、最小线宽 / 线距和最小孔径

图 4-62 中还有三个参数:板子厚度、最小线宽 / 线距、最小孔径。板子厚度,也就

是板厚,一般为 1.6 mm。在一些复杂的 PCB 设计中,需要根据电路的工作频率决定板厚,频率越高,板子越薄。板子厚度与介质厚度有关,会影响线路阻抗等性能。

最小线宽 / 线距根据 PCB 实际设计情况填写。项目 3 的 3.7.1 节中介绍过最小线宽 / 线距的相关知识,在制造环节,这个参数通常不需要填写,而是由 PCB 制造商的工程技术人员根据客户的制造文件进行评估,看是否符合制造商的工艺能力。最小线宽 / 线距是衡量 PCB 制造商水平的关键指标。根据编者的设计经验,目前大部分 PCB 制造商能够在 1 oz 铜厚前提下,满足最小线宽 / 线距 3.5 mil 的制造能力。

注　意

线宽会影响线路的载流能力,不能为了布线方便,一味地取较小的值。在 PCB 空间允许的情况下,线宽应该越大越好。一般情况下,很少使用 6 mil 以下线宽的线,只有在类似 BGA 封装的焊盘扇出时,才需要用到 6 mil 以下线宽的线。最小线宽 / 线距的常规值一般取 10 mil 左右。

最小孔径一般指走线过孔的内直径,如图 4-63 所示,元件通孔焊盘的孔径一般比较大。最小孔径由钻孔机的精度决定,PCB 工程师在设计时必须考虑制造商的工艺能力,过小的孔径将无法生产。根据目前一般的工艺能力,最小孔径的最小值为 6 mil(约为 0.15 mm)。

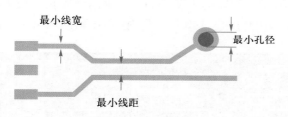

图 4-63　最小线宽 / 线距和最小孔径示意图

在一般的 PCB 设计中,建议最小孔径不要小于 12 mil(约为 0.3 mm),过孔外圈焊盘单边不能小于 6 mil,最好大于 8 mil,更大则不限,如图 4-64 所示。过孔到过孔之间的间距(孔边到孔边)不能小于 6 mil,最好大于 8 mil。在 BGA 封装的焊盘扇出时,可以使用 6 mil 孔径的走线孔。

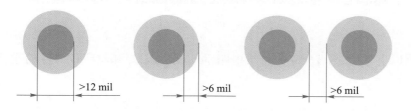

图 4-64　最小孔径和孔距的设计建议

4.8.4　阻焊颜色和丝印颜色

阻焊是用于在焊接过程中及焊接之后提供介质和机械屏蔽的一种覆膜。阻焊俗称绿油,因为大多数 PCB 使用的是绿色的阻焊油。其实,阻焊膜可以选择多种颜色,包括绿色、白色、蓝色、黑色、红色、黄色等,如图 4-65 所示。阻焊的主要功能是保护覆盖的线路免受潮湿、灰尘的侵扰,绿色并不是工业标准,实际制造时可以根据需要选择合适的颜色。

图片
不同阻焊颜色的
PCB

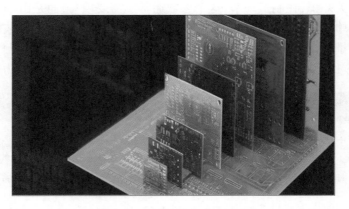

图 4-65   不同阻焊颜色的 PCB

丝印是在阻焊层上面印制的字母、数字、名称、符号、生产日期以及公司名称和 Logo 等,如图 4-66 所示。丝印的主要目的是方便组装和指示板卡的设计情况。丝印颜色一般选择白色,若阻焊颜色选择了白色,则丝印颜色就必须选择黑色。

图片
PCB 的阻焊和丝印

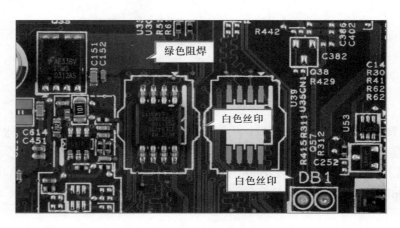

图 4-66   PCB 的阻焊和丝印

根据以上分析,对于 FM 收音机电路,可以填写阻焊和丝印(字符)的颜色要求,如图 4-67 所示。

图 4-67   阻焊颜色和字符颜色

4.8.5　表面处理工艺

PCB 是由单面或者双面覆铜的板材生产的,而裸露在空气中的铜很容易氧化,会严重影响 PCB 的可焊性和电气性能,因此需要对 PCB 进行表面处理。阻焊已经覆盖了铜皮和线路,对其进行了保护,但元件的焊盘、阻焊是不能覆盖的,需要进行特殊的处理。表面处理工艺是指在元器件和电气连接点(主要是焊盘和过孔)上形成一层与基体性能不同的表层,以保证 PCB 良好的可焊性和电气性能。

常规的表面处理工艺包括喷锡、沉金、沉锡、OSP 等。

1. 喷锡

喷锡是在焊盘表面镀上一层按特定比例调制而成的锡,包括有铅和无铅两种。有铅喷锡的价格便宜,焊接性能佳,但铅对人体有害,产品无法通过欧盟的 ROHS 认证;无铅喷锡是一种环保的工艺,它对人体的危害非常小,也是现阶段提倡的一种工艺。

2. 沉金

沉金采用化学沉积的方法,通过化学氧化还原反应在焊盘表面生成一层镀层,一般厚度较厚。沉金工艺的优点是不易氧化,可长时间存放,表面平整,适合用于焊接细间隙引脚以及焊点较小的元件;缺点是成本较高,焊接强度较差。

3. 沉锡

沉锡工艺是一种绿色环保新工艺,其工作原理是通过改变铜离子的化学电位,使镀液中的亚锡离子发生化学置换反应,被还原的锡金属沉积在铜基材的表面形成锡镀层。经过沉锡工艺处理的焊接点具有很高的耐高温特性,且表面具有光滑、平整、致密的特点。

4. OSP

OSP(Organic Solderability Preservatives,有机保焊膜)是在洁净的裸铜表面上,以化学的方法长出的一层有机皮膜。这层膜具有防氧化、耐热冲击、耐湿等特点,可以保护铜表面不易氧化。

上述四种 PCB 表面处理工艺的横向对比如表 4-5 所示。

表 4-5　四种 PCB 表面处理工艺的横向对比

工艺	喷锡	沉金	沉锡	OSP
寿命 / 月	12	6	12	6
成本	中等	高	中等	低
工艺复杂度	高	高	中等	低

根据以上分析,对于 FM 收音机电路,可以填写表面处理要求,如图 4-68 所示。图 4-68 中"焊盘喷镀"一项选择了"无铅喷锡",这是一种综合成本和性能考虑的工艺方式。当然,在成本不敏感的情况下,也可以选择沉金等其他方式。

图 4-68 中"阻焊覆盖"一项是指过孔的处理方式,可以选择盖油、开窗、塞油等多种方式。根据图中此选项的备注,如果是按制造文件加工的,不需要填写此项,一律按照文件加工。过孔一般选择盖油处理。图 4-68 中"测试选项"一项一般选择飞针测试,

视频
FM 收音机电路的
后续处理

● PADS

● Altium Designer

● 嘉立创 EDA

在 PCB 制造完成后,通过专门的测试设备进行电路通断的测试。另外,图 4-68 中"金 (锡)手指倒斜边""BGA 数量"和"阻抗控制"三项要求在本项目中没有涉及,这里暂不讨论。

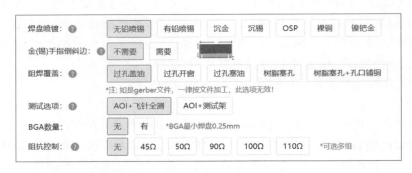

图 4-68　表面处理要求

3D 模型
FM 收音机电路 PCB 的 3D 模型

　　至此,FM 收音机电路的 PCB 设计流程已经完成。韦编三绝,天道酬勤,回想总结已经完成的四个项目,在不知不觉间,你已经走进了 PCB 设计的大门,并在不断进步。

　　下一个项目的难度为"进阶",将会学习高速差分线布线、旁路电容的布局和布线、多层板设计等更多有趣的 PCB 设计技术。如果你已经准备好了,那就进入下一个项目的学习吧!

项目 5

USB 集线器电路

蛛游蜩化，崭露头角

"蛛游蜩化"一词出自明代李东阳的《弈说》："故或没心命志,如蛛游蜩化而不自知。"其比喻经过训练,犹如蜘蛛在网上爬行和蝉的蜕变,技艺变得纯熟。

经过前几个项目的学习和训练,项目难度从入门到简单,本项目终于要完成一个进阶难度的项目,也到了该崭露头角的时候了。

本项目将会完成一个商业级的设计案例——基于 NEC 公司设计方案的 4 口 USB 2.0 集线器。USB 集线器(USB Hub)是一种可以将单个 USB 接口扩展为多个,并同时使用的装置,如图 5-1 所示。本项目电路中的元件数量达到 40 个,且布线空间非常有限,设计难度相比前面的项目明显提高。该进阶项目也是本书的最后一个实践项目,是各位读者从 PCB 设计初学者走向 PCB 工程师的关键一步。

图 5-1　USB 集线器

5.1　电路结构与原理

USB 集线器电路结构如图 5-2 所示。电路以 NEC 公司的 uPD720114 专用芯片为核心;电源电压(5V_USB)由 USB 口进入,经稳压芯片降低至 3.3 V 作为芯片的工作电压(3.3V_USB),该 5 V 电压还送到芯片和 4 个 USB 接口,芯片内部自带电源部分,得到另外一个 2.5 V 的电压(VDD25OUT)给自身某些部件供电;电路采用贴片晶振提供时钟信号。

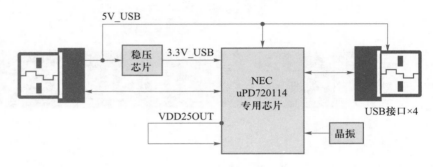

图 5-2　USB 集线器电路结构

图 5-3 所示为 USB 集线器电路 PCB 焊接前后的效果图,因篇幅限制,读者可以扫描边栏中的二维码获取本项目的电路原理图,进一步了解电路的细节。该 USB 集线器电路一共包含 10 类、共 40 个元件,除了 5 个 USB 连接座是插件型元件外,其他元件均为贴片型元件。

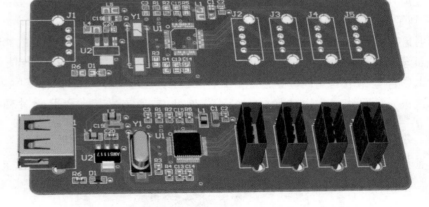

图 5-3　USB 集线器电路 PCB 焊接前后效果图

5.2　逻辑封装设计

本项目电路的 40 个元件中的大部分元件已经在项目 4 中学习过,如电阻、电容、电感、钽电容、LED、晶振等,这些元件的逻辑封装可以直接从项目4中复制,重复使用。这样盘点下来就会发现,只有主芯片 uPD720114、稳压芯片 LM1117 和 USB 连接座的逻辑封装需要设计。

5.2.1　uPD720114 芯片的逻辑封装设计

与前几个项目中接触过的芯片不同,uPD720114 芯片采用 QFP(Quad Flat Package,方形扁平封装),引脚从芯片体四周伸出,数量多达 48 个,芯片数据手册中给出的引脚分布如图 5-4 所示。

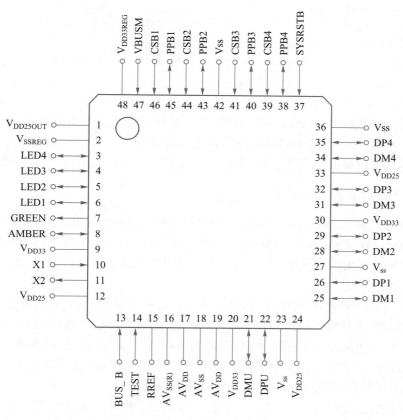

图 5-4　uPD720114 芯片引脚分布

针对该芯片的逻辑封装,有两种设计思路:思路一是按照图 5-4 所示的引脚分布,直接画出芯片的逻辑封装;思路二是不受限于引脚的实际分布顺序,按引脚功能分类排序设计芯片的逻辑封装。

按照思路一,芯片的逻辑封装与实际引脚分布一致,设计成引脚四边分布的形式,则可以预估最终逻辑封装的连线拓扑如图 5-5 所示。因为该芯片的引脚较多,每边各有 12 个引脚,多个外围电路将会以包围主芯片的形式分布,最终影响电路图的可读性。

按照思路二,可以将相同功能类型的引脚分布在一起,并按照从左到右的顺序放置引脚,得到左右分布形式的逻辑封装连线拓扑,如图 5-6 所示。在这种形式下,该元件的逻辑封装设计方法与项目 4 的 4.2.1 节中的 GS1299 芯片类似,相当于是其"加大版"。

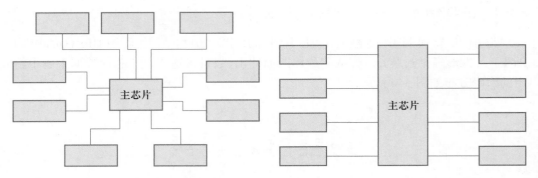

图 5-5   QFP 形式的逻辑封装连线拓扑   图 5-6   左右分布形式的逻辑封装连线拓扑

比较两种思路,当 QFP 芯片的引脚数量较多时,思路二是更好的选择。

图 5-7 给出了一种 uPD720114 芯片的逻辑封装设计方案。当然,这并不是唯一的方案,读者需要理解的是设计思路,并在以后的项目实践中提高自己的设计能力。

5.2.2   LM1117 芯片的逻辑封装设计

LM1117 是美国德州仪器公司生产的高精度低压差线性稳压芯片系列产品,包含超过 40 种不同特性的芯片。LM1117 有可调电压的版本,通过两个外部电阻可实现 1.25~13.8 V 的输出电压范围,另外还有 5 个固定电压输出(1.8 V、2.5 V、2.85 V、3.3 V 和 5 V)的型号。

LM1117 同一系列不同型号的芯片,引脚数量是不尽相同的,在设计逻辑封装之前,首先必须确定具体的型号。在本项目电路中,电源来自 USB 接口的 5 V 电压,芯片工作需要 3.3 V 电压,需求明确,因此可以选择 3.3 V 固定电压输出的型号。即使是同一固定电压输出的型号,其封装形式可能不同,工作温度范围可能不同,芯片的引脚数和分布也不尽相同,需要工程师提前选定,如图 5-8 所示。

综合考虑芯片尺寸、成本、焊接复杂度等因素,本项目电路在设计时最终选择图 5-8 中型号为 LM1117MPX-3.3 的芯片,该型号的封装形式为 SOT-223,其外形及引脚说明如图 5-9 所示。

图 5-9 需要注意两点:第一,2 号引脚和 4 号引脚在芯片内部是相连的,应用时可以根据需要选择使用其中一个,或者均使用;第二,对于固定电压输出的型号,1 号引脚是接地端。根据上述分析,可以设计 LM1117MPX-3.3 芯片的两种逻辑封装如图 5-10 所示。本项目选择图 5-10(a)所示的简化版设计方案。

5.2.3   USB 连接座的逻辑封装设计

本项目电路中使用到了两种 USB 2.0 连接座:一种是 A 型 90° 弯折的母座(以下简称为 90° 母座),另一种是 A 型 180° 直插的母座(以下简称为 180° 母座),如图 5-11 所

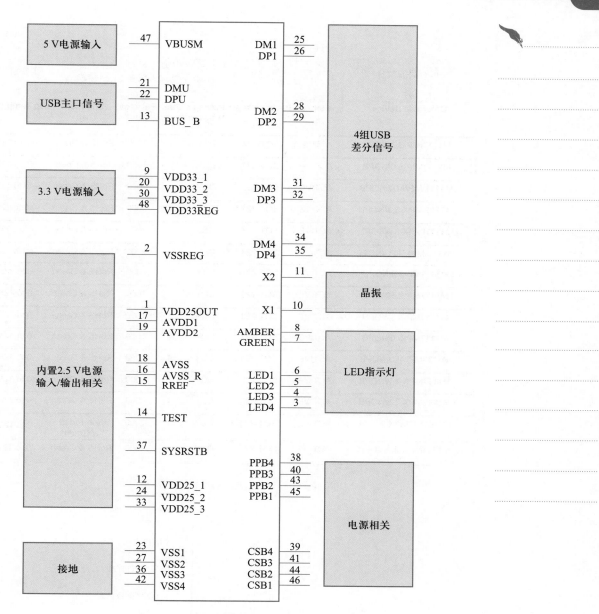

图 5-7　一种 uPD720114 芯片的逻辑封装设计方案

示。两种 USB 连接座的引脚分布不是随意的,必须严格遵守 USB 2.0 协议标准,其中 1~4 号引脚分别是电源、差分负信号、差分正信号和地,元件体两端是外壳接地的固定针脚。两种 USB 连接座的区别在于 USB 线或者设备的接入角度。

根据图 5-11 可知,两种 USB 连接座的逻辑封装可以是相同的,一种设计方案如图 5-12 所示。该设计方案为了获得更高的美观度,在设计时隐藏了各引脚的名称,用文本的形式标注。

可购买的型号	状态	封装类型	封装符号	引脚数	封装数量	生态计划要求	工作温度
Orderable Device	Status (1)	Package Type	Package Drawing	Pins	Package Qty	Eco Plan (2)	Op Temp (°C)
LM1117IMP-3.3/NOPB	ACTIVE	SOT-223	DCY	4	1000	RoHS & Green	-40 to 125
LM1117IMP-5.0/NOPB	ACTIVE	SOT-223	DCY	4	1000	RoHS & Green	-40 to 125
LM1117IMP-ADJ/NOPB	ACTIVE	SOT-223	DCY	4	1000	RoHS & Green	-40 to 125
LM1117IMPX-3.3/NOPB	ACTIVE	SOT-223	DCY	4	2000	RoHS & Green	-40 to 125
LM1117IMPX-5.0/NOPB	ACTIVE	SOT-223	DCY	4	2000	RoHS & Green	-40 to 125
LM1117IMPX-ADJ/NOPB	ACTIVE	SOT-223	DCY	4	2000	RoHS & Green	-40 to 125
LM1117MP-1.8/NOPB	ACTIVE	SOT-223	DCY	4	1000	RoHS & Green	0 to 125
LM1117MP-2.5/NOPB	ACTIVE	SOT-223	DCY	4	1000	RoHS & Green	0 to 125
LM1117MP-3.3/NOPB	ACTIVE	SOT-223	DCY	4	1000	RoHS & Green	0 to 125
LM1117MP-5.0/NOPB	ACTIVE	SOT-223	DCY	4	1000	RoHS & Green	0 to 125
LM1117MP-ADJ/NOPB	ACTIVE	SOT-223	DCY	4	1000	RoHS & Green	0 to 125
LM1117MPX-1.8/NOPB	ACTIVE	SOT-223	DCY	4	2000	RoHS & Green	0 to 125
LM1117MPX-2.5/NOPB	ACTIVE	SOT-223	DCY	4	2000	RoHS & Green	0 to 125
LM1117MPX-3.3	ACTIVE	SOT-223	DCY	4	2000	Non-RoHS & Green	0 to 125
LM1117MPX-3.3/NOPB	ACTIVE	SOT-223	DCY	4	2000	RoHS & Green	0 to 125

图 5-8　LM1117 芯片选型表(部分)

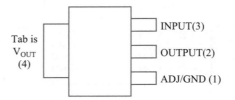

引脚		类型	功能描述
名称	序号		
ADJ/GND	1	—	可调输出调整端/固定输出接地端
INPUT	3	输入	芯片的输入电压引脚
OUTPUT/V_{OUT}	2, 4	输出	芯片的输出电压引脚

图 5-9　LM1117MPX-3.3 芯片外形及引脚说明

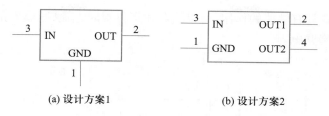

(a) 设计方案1　　　　　　(b) 设计方案2

图 5-10　LM1117MPX-3.3 芯片的逻辑封装设计

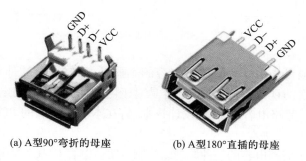

(a) A型90°弯折的母座　　　(b) A型180°直插的母座

图 5-11　两种 A 型 USB 连接座的引脚分布

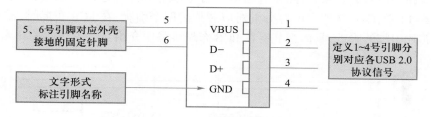

图 5-12　一种 USB 连接座的逻辑封装设计方案

视频
USB 集线器电路的
逻辑封装设计
- OrCAD

- Altium Designer

- 嘉立创 EDA

注　意

在放置文本时需要暂时关闭栅格,才能实现精准放置。

5.3 原理图绘制

　　原理图绘制是将元件的逻辑封装放置于原理图页,并使用各种方式连接起来的过程。经过前四个项目的训练,相信你已经基本掌握了原理图绘制的技术和操作技能,本节将介绍旁路电容绘制技巧和平坦式原理图设计两个新的知识点。

5.3.1 电源引脚的旁路电容

　　旁路是指把输入信号中的高频噪声作为滤波对象,防止高频杂波进入芯片内部。在进行 PCB 设计时,一般会在贴近芯片电源引脚的地方放置一个电容,例如图 5-13

中的 C2。该电容具有储能的作用,可以给芯片提供瞬时电流,减弱外部电流波动向芯片的传导,称为旁路电容。

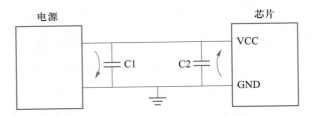

图 5-13　芯片电源引脚旁路电容示意图

　　旁路电容和项目 4 中学习的滤波电容的本质是一样的,目的都是为了稳定电压。两者的区别是观察的视角不同,滤波电容是对于电源而言的,旁路电容则是针对用电元件而言的。关于旁路电容的 PCB 设计技术,将在本项目后面的 PCB 布局、布线步骤中具体介绍。

　　图 5-14 给出了旁路电容的一种原理图绘制方案。电容 C4~C7 是电源网络 3.3V_USB 对应芯片第 9、20、30、48 号引脚的旁路电容。对于引脚较多的大型芯片,其封装周围的连接线路一般较为复杂,旁路电容通常采用与芯片相隔一定距离放置的方式进行绘制。图 5-14 中,C4~C7 四个电容分别对应芯片的四个引脚,在 PCB 布局时,需要将其放置到芯片引脚的附近,具体细节将在 PCB 布局步骤中介绍。

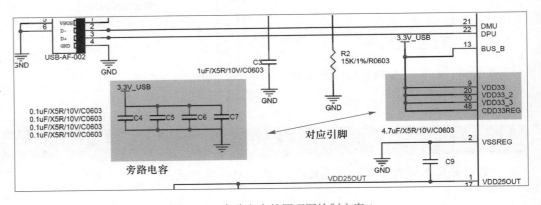

图 5-14　旁路电容的原理图绘制方案 1

　　当然,在绘图空间允许的情况下,也可以直接使用连线的方式绘制旁路电容的相关网络,如图 5-15 所示。图中 C16、C17、C18 三个电容分别是电源网络 VDD25OUT 对应芯片第 12、24 和 33 号引脚的旁路电容,这种方式更为直观。

5.3.2　平坦式原理图设计

　　对于比较复杂的电路,一页原理图往往放不下所有元件,需要采用多页原理图的设计方式。在目前主流的设计工具中,多页原理图一般采用层次式原理图与平坦式原理图两种设计方式。

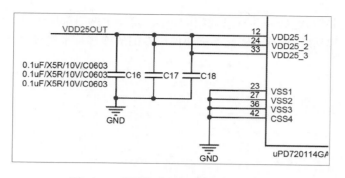

图 5-15　旁路电容的原理图绘制方案 2

　　层次式原理图（Hierarchical Design）通常是在设计比较复杂的电路和系统时采用的一种自上而下的电路设计方法。如图 5-16 所示，层次式原理图首先在一张图纸上设计总体的电路结构框图，然后再在另外层次的图纸上设计其中每个子电路结构框图代表的子电路结构，下一层次中还可以包括子电路结构框图，按层次关系将子电路结构框图逐级细分，直到最低层次上为具体电路图，不再包括子电路结构框图。

　　图 5-16 所示为一个典型的层次式原理图设计示意图，原理图 A 是顶层的原理图，里面通过子电路结构框图表示原理图 B 和原理图 C。原理图 B 是普通原理图，不再包含子电路结构框图。原理图 C 中则又包含原理图 D 和原理图 E 的子电路结构框图。

　　层次式原理图的优点是能够清晰表示各页原理图之间的层次关系，适用于复杂度非常高的电路。而对于一般复杂度的电路设计（6 层板以下），平坦式原理图是一种较为普遍的设计方式。

　　图 5-17 是对应图 5-16 的平坦式原理图设计示意图，原理图中不会包含任何的电路结构框图，所用的元件能够在单张电路图上全部表示。按照功能模块的不同，可以将电路拆解为多页原理图，原理图和原理图之间采用专用的连接符号（一般称为分页连接符）来表示。

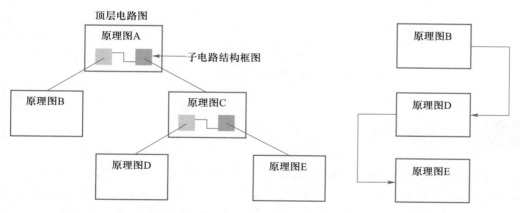

图 5-16　典型的层次式原理图设计示意图　　　图 5-17　平坦式原理图设计示意图

　　对于本项目电路，可以将原理图分为两页，第一页是以 uPD720114 芯片为核心的功能电路，第二页是以 LM1117 芯片为核心的电源电路，如图 5-18 所示。两页之间的连接包括三个网络:5V_USB、3.3V_USB 和 GND。这三个网络都属于电源网络,是全局性网络,作用范围包括所有页面,因此不需要使用专门的连接符来连接以上三个网络。

视频

USB 集线器电路的原理图绘制

- OrCAD
- Altium Designer
- 嘉立创 EDA

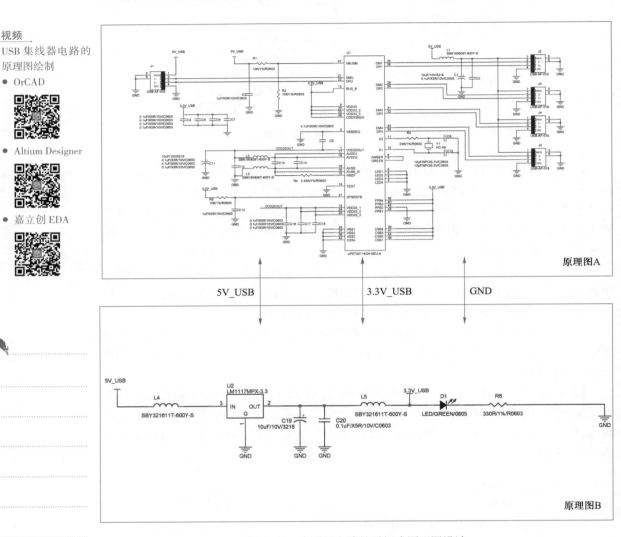

图 5-18   本项目电路的平坦式原理图设计

5.4 物理封装设计

本项目电路中一共包含 10 类、共 40 个元件,其中贴片电阻、电容、LED 等大部分元件的物理封装设计方法已在前几个项目中学习过,本节仅针对 USB 连接座、uPD720114 芯片、LM1117 芯片、晶振、磁珠五类元件进行物理封装设计方法的讲解。

5.4.1 USB 连接座的物理封装设计

本项目电路中使用了两种 USB 连接座:一种用于连接主设备的 USB 接口,连接座的引脚与连接口呈 90°,称为 90° 母座;另一种用于连接扩展设备的 USB 接口,共 4 个,连接座的引脚与连接口呈 180°,称为 180° 母座,如图 5-19 所示。

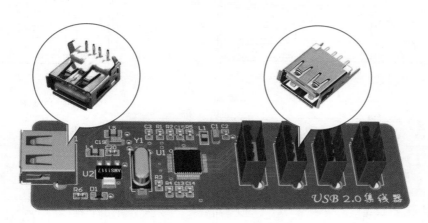

图 5-19　本项目电路中的两种 USB 连接座

图 5-20 和图 5-21 所示为两种 USB 连接座的规格图纸。对比两个元件,引脚的分布是相同的,1~4 号引脚是信号引脚,5、6 号引脚是连接座的固定引脚。两个元件的引脚孔径和位置坐标有细微的区别,外形的区别则较为明显,具体如下:

- 孔径:根据建议的物理封装参数,90° 母座信号引脚的焊盘内直径为 0.9 mm,

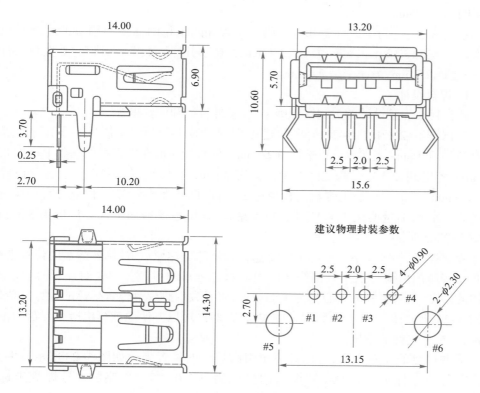

图 5-20　90° 母座的规格图纸(单位:mm)

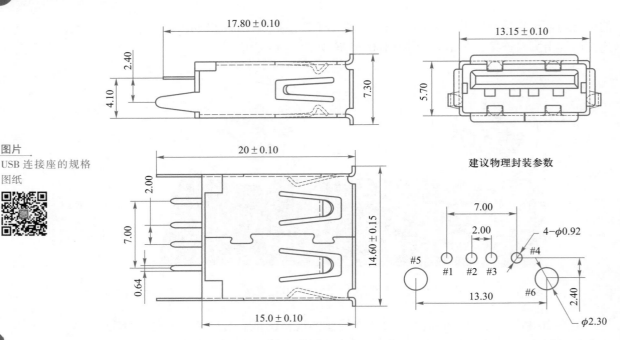

图片
USB 连接座的规格
图纸

图 5-21　180°母座的规格图纸(单位:mm)

180°母座信号引脚的焊盘内直径为 0.92 mm,可以认为是相同的;固定引脚的焊盘内直径相同,为 2.3 mm。

● 焊盘位置:两个元件 1~4 号引脚的位置和间距相同;5、6 号引脚的间距有细微区别,一个是 13.15 mm,另一个是 13.3 mm;5、6 号引脚与 1~4 号引脚的垂直距离有区别,一个是 2.7 mm,另一个是 2.4 mm。

1. 焊盘设计

此类封装焊盘设计的关键在于确定其内、外直径和位置坐标。

根据图 5-20 和图 5-21 给出的建议物理封装参数,可确定 1~4 号引脚的焊盘内直径为 0.9 mm,当然也可以选取 0.92 mm。外直径一般在内直径的基础上增加 0.5~1.5 mm,考虑到 2、3 号引脚之间的距离只有 2 mm,因此外直径不宜过大,建议设置为 1.4~1.6 mm。5、6 号引脚的焊盘内直径为 2.3 mm,属于大孔径焊盘,因此外直径在内直径基础上的增加量要比 1~4 号引脚的焊盘大,这里建议增加 1 mm,设置为 3.3 mm,如图 5-22 所示。

确定焊盘尺寸后,下一步的工作是选择合适的坐标原点,计算各焊盘的位置坐标。USB 连接座的引脚焊盘不是围绕实体中心对称分布的,特别是 90°母座,焊盘分布在实体的一端,如果将实体中心作为坐标原点,将导致引脚焊盘位置坐标的计算复杂化。如图 5-23 所示,以 2、3 号引脚焊盘的中心为原点,可以方便地计算出所有焊盘的位置坐标,是一种更好的选择。

根据焊盘的相对距离,可以计算出引脚焊盘的位置坐标如图 5-23 所示。例如,2 号焊盘的坐标为(-1,0),4 号焊盘的坐标为(3.5,0)。90°母座的 6 号焊盘坐标为(6.575,-2.7),180°母座的 6 号焊盘坐标为(6.65,-2.4)。

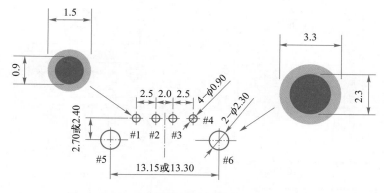

图 5-22　USB 连接座的焊盘尺寸设计（单位：mm）

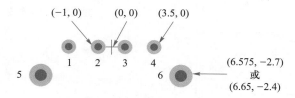

图 5-23　USB 连接座的焊盘位置坐标

2. 外形丝印设计

外形丝印是元件实体的图形表示，在 PCB 中代表元件的"占地面积"，是设计规则检查时的重要依据，必须严格按照实物外形尺寸进行绘制。所以，一个严谨的 PCB 工程师对于外形丝印也不能随意设计，应该根据参数进行精准的绘制。

图 5-24 给出了 90° 母座的外形丝印设计要点。对于这种矩形的丝印，关键是要得到其中一个顶点的位置坐标，再根据矩形的长和宽就可以完成图形的绘制。在图 5-24 中，由于坐标原点设置在 2、3 号焊盘的中心，因此根据该行引脚到元件末端的距离（2.70+10.20），就可以确定外形丝印右下角顶点的纵坐标为 -12.9。该点的横坐标可以根据元件的宽度除以 2 得到，也就是 6.6。综上，可以得到外形丝印右下角顶点的坐标为（6.6，-12.9）。然后，根据矩形的尺寸参数就可以完成外形丝印的设计。

按照相同的设计原理和步骤，可以得到 180° 母座的外形丝印设计如图 5-25 所示。图中，连接座开口的宽度为（13.15 ± 0.10）mm，表示由于制造精度，该参数存在 0.1 mm 的偏差，因此在设计外形丝印时需要取最大值，即 13.25 mm。

5.4.2　uPD720114 芯片的物理封装设计

QFP 是一种引脚从四个侧面引出呈海鸥翼形的表面贴装型封装技术。QFP 芯片的引脚数量一般为 20 个以上，多用于微处理器、可编程逻辑器件等，其外形如图 5-26 所示。

本项目电路的主芯片 uPD720114 采用的封装为 QFP，引脚数量为 48，每边 12 个引脚，其规格图纸如图 5-27 所示。设计该物理封装所需要的关键参数包括引脚宽度（H）、引脚长度（L）、引脚间距（J）、芯片总体长 / 宽（A、D）。

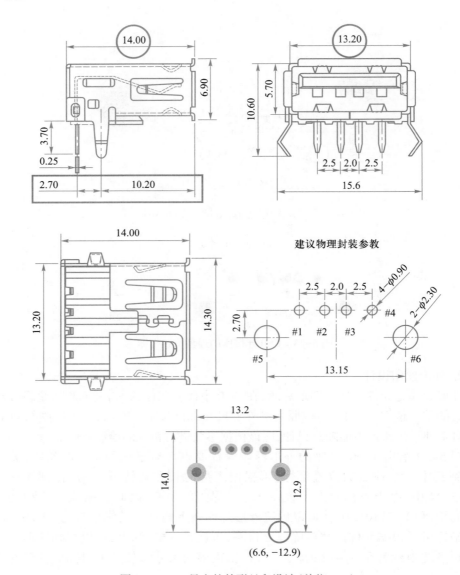

图 5-24　90°母座的外形丝印设计(单位:mm)

　　该类封装一般不会给出建议的物理封装参数,需要工程师根据规格参数和经验进行设计。详细设计方法如下:

　　1. 确定焊盘尺寸

　　贴片焊盘是承载芯片引脚的接触点,根据图 5-27,芯片引脚宽度 H 为 $(0.22+0.05)$ mm 或 $(0.22-0.04)$ mm,取最大值 0.27 mm 作为对应焊盘的宽度;芯片引脚长度 L 为 0.5 mm,按照经验一般取其 2 倍作为焊盘的长度,即 1.0 mm,如图 5-28 所示。

　　2. 计算焊盘位置坐标

　　如图 5-29 所示,芯片的引脚对称分布在四边,选择芯片中心作为原点,进而计算焊盘的位置坐标。首先确定 1 号焊盘的坐标:x 坐标的计算需要用到引脚间距 J,单边

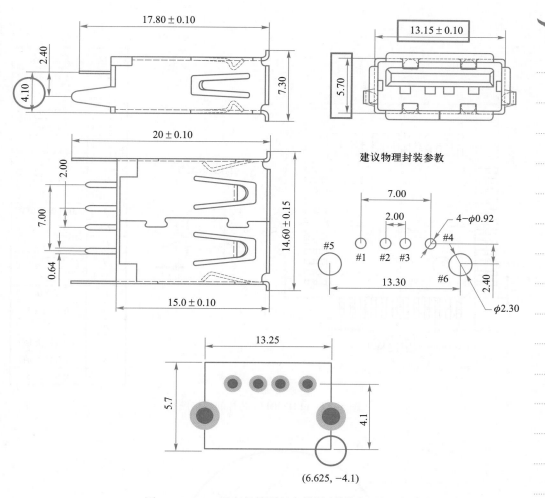

图 5-25　180°母座的外形丝印设计(单位:mm)

图 5-26　QFP 外形

12 个焊盘的第 1 个焊盘与第 12 个焊盘的间距为 J 的 11 倍,因此 1 号焊盘的 x 坐标为 $-11J/2$;y 坐标由芯片四边引脚的末端距确定,末端距作为焊盘的中心距,可知 1 号焊盘的 y 坐标为 $-A/2$。综上,结合图 5-27 中的参数,可以计算出 1 号焊盘的位置坐标是$(-2.75,-4.5)$。由于封装四边引脚是对称的,同理可计算出 13 号焊盘的位置坐标为$(4.5,-2.75)$,其他焊盘的位置坐标可以根据此方法和相对距离逐一确定。

图片
uPD720114 芯 片 的
规格图纸

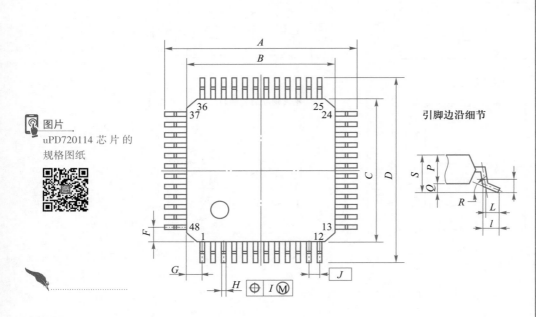

项目	尺寸/mm
A	9.0 ± 0.2
B	7.0 ± 0.2
C	7.0 ± 0.2
D	9.0 ± 0.2
F	0.75
G	0.75
H	$0.22^{+0.05}_{-0.04}$
I	0.10
J	0.5(典型值)
K	1.0 ± 0.2
L	0.5
M	$0.17^{+0.03}_{-0.07}$
N	0.08
P	1.0 ± 0.1
Q	0.1 ± 0.05
R	$3°^{+4°}_{-3°}$
S	1.27(最大值)
T	0.25(典型值)
U	0.6 ± 0.15

图 5-27　uPD720114 芯片的规格图纸

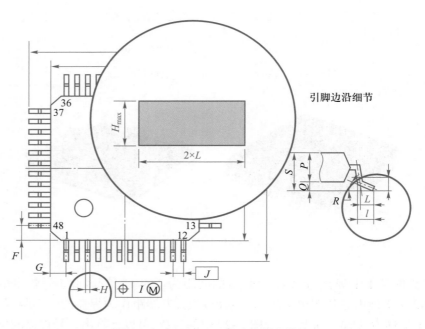

图 5-28　uPD720114 芯片的焊盘设计

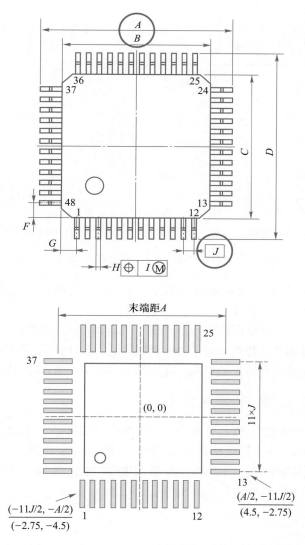

图 5-29　uPD720114 芯片焊盘位置坐标的计算

设计提示：

● PCB 设计软件中一般可以根据起始坐标和间距连续放置多个引脚，利用此功能可以提高设计效率。

● 图 5-29 中 1 号焊盘与 13 号焊盘的尺寸是相同的，PCB 设计软件中可以通过旋转 90°实现横竖的变化。

3. 绘制外形丝印

对于采用 QFP 的 uPD720114 芯片，其外形丝印的设计方案多样，图 5-30 给出了常见的两种设计方案。对比两种设计方案，虽然都可以正常使用，但经过综合分析，设计方案 1 相对更优，原因有两个。

第一，设计方案 1 的丝印框在焊盘内部，更节省空间。设计方案 1 中，虽然芯片焊接安装后会挡住丝印，但是由于芯片本身具有 1 号引脚的方向标识，因此不会影响芯

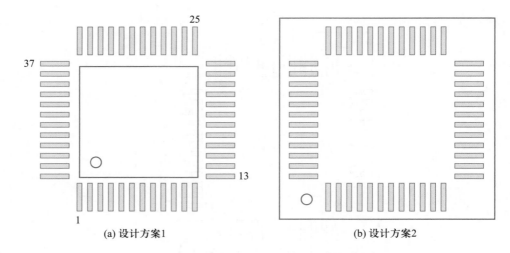

(a) 设计方案1   (b) 设计方案2

图 5-30　uPD720114 芯片的外形丝印设计方案

片方向的确定。一些高元件密度的 PCB 上"寸金尺土",PCB 工程师要特别注意面积的高效利用。

　　第二,设计方案 1 中使用数字标示了部分焊盘的序号,这是有经验的 PCB 工程师才会呈现出的设计细节。特别是对于处于调试阶段的设计方案,这些序号能够方便工程师在调试电路时高效查找特定的引脚。在产品的最终量产版本中,这些序号可以去掉。

5.4.3　LM1117 芯片的物理封装设计

　　本项目电路中电源转换芯片的型号为 LM1117MPX-3.3,物理封装形式为 SOT-223,是 SOT 封装的一种,其规格图纸如图 5-31 所示。芯片整体尺寸(长×宽)约为 6.7 mm × 7.3 mm,根据图 5-31 中给出的建议物理封装参数,1~3 号焊盘的大小为 2.15 mm × 0.95 mm,4 号焊盘的大小为 3.25 mm × 2.15 mm。

图片
LM1117 芯片的规格图纸

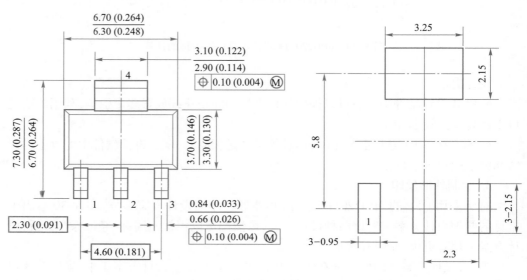

图 5-31　LM1117 芯片的规格图纸[单位:mm(in)]

确定焊盘尺寸后,接下来的工作是选择元件中心为原点,计算各焊盘的位置坐标。图 5-31 中已经给出了详细的位置信息,不需要再根据实物尺寸和引脚距离进行计算,得到 LM1117 芯片的物理封装设计如图 5-32 所示。

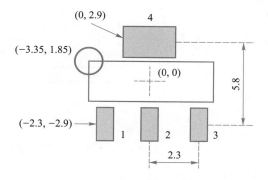

图 5-32 LM1117 芯片的物理封装设计(单位:mm)

例如,1 号焊盘的位置坐标可以根据引脚间距(2.3 mm)和上下端焊盘的间距(5.8 mm)计算,结果为 (-2.3, -2.9);4 号焊盘的位置坐标为 (0, 2.9);其他焊盘的位置坐标可以同理计算。

对于外形丝印,需要确定其中一个顶点的坐标。以图 5-32 中外形丝印的左上角顶点为例,该坐标的计算需要结合图 5-31 中芯片体的长(6.3~6.7 mm)和宽(3.3~3.7 mm)确定,外形丝印尺寸取最大值,即 6.7 mm 和 3.7 mm,进而计算出左上角顶点的坐标为 (-3.35, 1.85)。

5.4.4 晶振的物理封装设计

与项目 4 电路中的晶振类似,本项目电路中采用的型号为 HC-49 的晶振也属于无源晶振,也就是石英晶体。虽然类型相同,但两者的物理封装差异较大。如图 5-33 所示,该元件是贴片元件,尺寸(长 × 宽)约为 13.0 mm × 4.93 mm,高度在不需要考虑外壳时可以忽略。

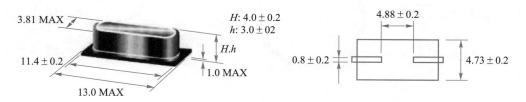

图 5-33 HC-49 晶振的规格图纸(单位:mm)

按照贴片元件物理封装的一般设计方法,该封装的设计分为三步:

(1)根据引脚的长、宽尺寸设计贴片焊盘。根据图 5-33,其引脚宽度为 (0.8 ± 0.2) mm,取最大值 1.0 mm;引脚长度可由 (13.0-4.88)/2 mm 得到,即 4.06 mm。考虑到晶振的焊盘不宜超出实际引脚过多,因此将贴片焊盘的尺寸设计为 1.0 mm × 4.5 mm,如图 5-34 所示。

(2)计算焊盘位置坐标。以元件体中心为原点,大概计算两个焊盘的距离应为 10.0 mm,可以得到两个焊盘的位置坐标分别为 (-5, 0) 和 (5, 0)。

(3)绘制外形丝印。根据规格图纸中元件投影的长、宽尺寸可以计算外形丝印某一个顶点的坐标,例如图 5-34 中外形丝印右上角顶点的坐标应为 (6.5, 2.465)。

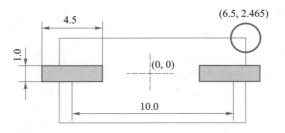

图 5-34　HC-49 晶振的物理封装设计(单位:mm)

5.4.5　磁珠的物理封装设计

　　磁珠是高速信号电路中常用的一类基本元件,其主要原料是铁氧体,是一种立方晶格结构的亚铁磁性材料。在电路设计中,磁珠一般采用与电感相同的逻辑封装,图 5-35 所示为本项目电路中磁珠的分布情况。但要注意的是,磁珠的单位是欧姆(Ω),而不是亨利(L),因为磁珠的单位是按照它在某一频率产生的阻抗来标称的,阻抗的单位也是欧姆(Ω)。磁珠主要用于高速电路,例如射频电路、振荡电路、USB、DDR高速线路等一般需要在电源输入部分加磁珠。磁珠的主要功能是抑制信号线、电源线上的高频噪声和尖峰干扰。

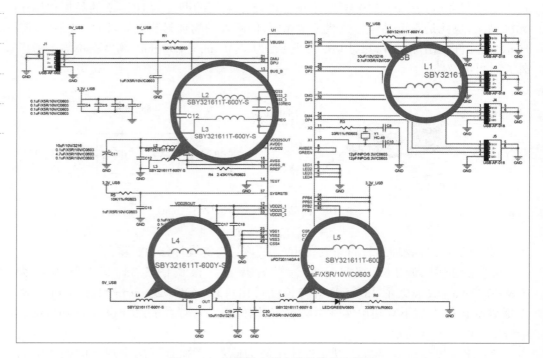

图 5-35　本项目电路中磁珠的分布情况

　　图 5-36 所示为某厂商的磁珠选型表,电路设计工程师可根据电路设计需要选择合适的型号。本项目采用的磁珠型号为 SBY321611T-600Y-S,该型号在 100 MHz 频率下呈现的阻抗为 60 Ω。

元件代码 Part No.	100 MHz 点阻抗 Impedance at 100MHz (Ω±25%)	直流电阻 DC Resistance (Ω) max.	额定电流 Rated current (mA) max.	元件代码 Part No.	100 MHz 点阻抗 Impedance at 100MHz (Ω±25%)	直流电阻 DC Resistance (Ω) max.	额定电流 Rated current (mA) max.
SBY100505T-060Y-S	6	0.05	500	SBY321611T-190Y-S	19	0.05	600
SBY100505T-100Y-S	10	0.05	500	SBY321611T-260Y-S	26	0.05	600
SBY100505T-400Y-S	40	0.30	300	SBY321611T-320Y-S	32	0.05	600
SBY100505T-800Y-S	80	0.40	200	SBY321611T-500Y-S	50	0.10	500
SBY100505T-121Y-S	120	0.50	200	SBY321611T-600Y-S	60	0.10	500
SBY100505T-241Y-S	240	0.50	200	SBK321611T-700Y-S	70	0.10	500
SBY100505T-481Y-S	480	0.80	100	SBK321611T-900Y-S	90	0.15	500
SBY100505T-601Y-S	600	1.00	100	SBK321611T-121Y-S	120	0.15	500
SBK160808T-110Y-S	11	0.05	500	SBK321611T-151Y-S	150	0.15	500
SBK160808T-190Y-S	19	0.08	500	SBK321611T-201Y-S	200	0.20	400
SBK160808T-300Y-S	30	0.10	400	SBK321611T-401Y-S	400	0.20	400
SBK160808T-400Y-S	40	0.10	400	SBK321611T-501Y-S	500	0.20	400
SBK160808T-600Y-S	60	0.10	300	SBK321611T-601Y-S	600	0.30	400
SBK160808T-800Y-S	80	0.15	300	SBK321611T-102Y-S	1000 *	0.40	200
SBK160808T-121Y-S	120	0.25	300	SBK321611T-122Y-S	1200 *	0.40	200

图 5-36　某厂商的磁珠选型表

　　磁珠的型号确定后,下一步是根据型号确定对应的规格参数,如图 5-37 所示。对于 B321611 系列,磁珠的尺寸(长×宽)为 3.2 mm×1.6 mm,这是标准的 3216 封装。因此,对于该元件,可以直接选择项目 4 电路中钽电容的 3216 封装。

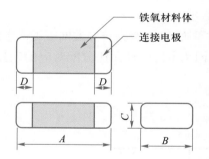

型号	A	B	C	D
①B100505	1.0±0.15	0.50±0.15	0.5±0.15	0.25±0.15
②B160808	1.6±0.20	0.80±0.15	0.8±0.15	0.4±0.2
②B201209	2.0±0.20	1.25±0.20	0.9±0.20	0.5±0.3
②B321611	3.2±0.20	1.60±0.20	1.1±0.20	0.5±0.3
③B321616	3.2±0.20	1.60±0.20	1.6±0.20	0.5±0.3
③B322513	3.2±0.20	2.50±0.20	1.3±0.20	0.5±0.3
④B451616	4.5±0.25	1.60±0.20	1.6±0.20	0.5±0.3
④B453215	4.5±0.25	3.20±0.20	1.5±0.20	0.5±0.3

图 5-37　磁珠的规格图纸(单位:mm)

视频
USB 集线器电路的物理封装设计
- PADS
- Altium Designer
- 嘉立创 EDA

图片
磁珠的规格图纸

注　意

磁珠和电感一样,不区分正负极,因此在外形丝印上不需要特别标示正极端。

5.5　常见网表错误及更正

　　PCB 设计中的网表是连接原理图和 PCB 图的桥梁。当逻辑封装设计、原理图绘制和物理封装设计完成后,下一步就要将元件的物理封装信息写入原理图的对应元件中,并从原理图导出网表,最后将网表导入 PCB 图,根据网表调取相应物理封装,并根据连接关系确定物理封装引脚间的连接。综上所述,网表的核心内容包括三部分:元件、封装和连接关系。

　　在前四个项目的学习和实践中,已经学习了网表处理的相关操作,然而在实际操作中,由于前面步骤中逻辑封装、原理图和物理封装的设计错误,往往会导致网表无法导出或者导入错误,本节将重点讲解常见网表错误及更正方法。

5.5.1　元件标号重复

　　网表的一个重要作用是表明电路中包含哪些元件,它们的"名字"是什么。这里的"名字"是指元件的标号。对于某一个元件,其标号在原理图和 PCB 图中是一一对应的,如图 5-38 所示。

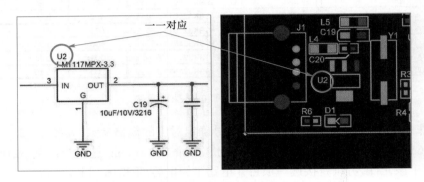

图 5-38　元件标号在原理图和 PCB 图中的对应关系

　　在同一个原理图中,每一个元件的标号必须是唯一的,否则将导致网表无法生成。图 5-39 给出一个错误的示例,两个电阻的标号同为 R1,软件无法分配对应的连接关系,这是不允许的。

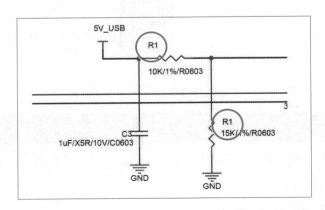

图 5-39　原理图中元件标号相同的错误示例

　　更正该错误的方法是修改重复的元件标号,确保整个原理图中所有的元件标号都是唯一的。这种手动的修改对于一些元件数量不多的电路是可行的,但是当电路中的元件数量多达数百个甚至数千个时,手动修改方法的效率和准确度不高。对于此类情况,一个高效准确的方法是使用"元件自动编号"功能。

元件自动编号是所有设计软件均具备的功能。当原理图绘制完毕后,使用该功能可以确保原理图中所有的元件标号都是唯一的。

5.5.2 元件物理封装信息缺失 / 错误

网表的第二个重要作用是表明电路中各个元件"长什么样",就是要标明原理图中每一个元件的逻辑封装对应的物理封装。因此,在写入物理封装信息这一步骤中,必须为原理图中的每一个元件选择正确的物理封装,漏选、错选都将会导致网表信息错误,从而在将网表导入至 PCB 图时也会出现错误。

常见的错误类型包括以下三种:

1. 元件物理封装信息缺失

该错误是写入物理封装信息时漏填导致的,更正方法是根据错误提示,检查原理图中对应元件的物理封装信息是否缺失,如确定缺失,补充填写对应物理封装信息即可。

2. 元件物理封装信息填写错误

在网表导入时,设计软件将根据网表中元件标号和物理封装信息的对应关系,从物理封装库中查找对应封装,如果信息填写错误,将导致软件无法找到相应封装。举例说明,如图 5-40 所示,假设元件 C2 正确的物理封装信息为"C0603",但在写入物理封装信息时误填写为"0603",导致在物理封装库中无法找到与之匹配的封装,则该元件及相关网络都会被删除。

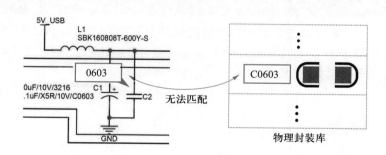

图 5-40　物理封装信息填写错误示例

物理封装信息,一般是指物理封装的名字,是网表导入时提取物理封装最重要的依据,必须保证完全准确。此类错误的更正方法是根据错误提示,定位到相关元件,核对填入信息与库中信息是否一致,如有错误,更正后重新进行网表导出和导入。

小 技 巧

为了避免输入过程中的错误,从物理封装库中直接复制物理封装的名字,粘贴到原理图元件的物理封装信息栏中是一种比较安全的做法。

3. 元件封装引脚不匹配

网表的第三个重要作用是表明电路中各个元件之间是"怎么连接"的,就是要标明元件封装中各个引脚的连接关系。当原理图中的元件逻辑封装与 PCB 中物理封装的引脚不一致时,会导致连接关系无法正确分配,出现错误。

举例说明,如图 5-41 所示,假设在 USB 连接座的逻辑封装中,引脚以数字 1~6 为序号,而对应的物理封装中则以字母加数字的形式 A1~A6 为序号,则在网表导入时,设计软件将判定两者引脚不匹配,从而无法分配连接关系,产生错误。

视频

USB 集线器电路的网表处理

- OrCAD+PADS

- Altium Designer

- 嘉立创 EDA

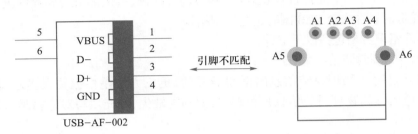

图 5-41　元件封装引脚不匹配错误示例

当出现此类错误时,更正方法是根据提示定位相关元件,同时打开其逻辑封装和物理封装,进行对比检查。如有问题,修改其中一方,确保元件的逻辑封装和物理封装引脚信息一致。

小 技 巧

为了有效避免上述问题,一部分工程师喜欢同时进行逻辑封装和物理封装的设计和确认,而不是等原理图绘制完成后,再进行物理封装的设计。亲爱的读者,当你熟悉 PCB 设计的各个流程后,根据需要进行步骤顺序的调整,有时候能够有效提高设计效率和准确率。

5.6　PCB 布局

在前四个项目的 PCB 布局步骤中,已经先后学习了绘制板框、隐藏鼠线、高亮显示特殊网络、绘制圆角板框、元件自动对齐、导入结构文件、元件双面布局等设计技巧,本项目将在上述知识的基础上,介绍根据结构图纸手动预布局、交互式布局、模块化布局和旁路电容的布局等新知识。

5.6.1　根据结构图纸手动预布局

在一个电子产品的设计过程中,外壳结构设计一般先于 PCB 设计,或者同步进行。结构设计的结果直接限制了板框的形状、尺寸和关键元件的位置。项目 4 的 4.6.1 节中介绍了通过导入结构文件的方式自动设计板框及放置关键元件的方法,本节将学习如何直接根据结构图纸给定的数据手动设计板框及放置关键元件。

图 5-42 所示为 USB 集线器电路的 PCB 结构图纸,其中给出了板框的形状和尺寸,同

时给定了 5 个 USB 连接座的位置。根据结构图纸,板框的形状为矩形、尺寸为 98 mm ×
28 mm;5 个 USB 连接座横向中心对齐,在 PCB 上按照一定的间距进行放置。

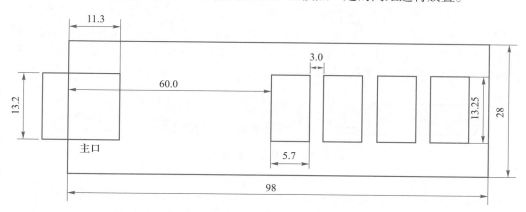

图 5-42　USB 集线器电路的 PCB 结构图纸(单位:mm)

根据上述参数,需要绘制板框和放置 5 个 USB 连接座,如图 5-43 所示。结构参
数已经精确约束了板框尺寸和最终布局方式,PCB 中心偏左的区域是主电路的布局区
域,最终完成的布局效果示意图如图 5-44 所示。

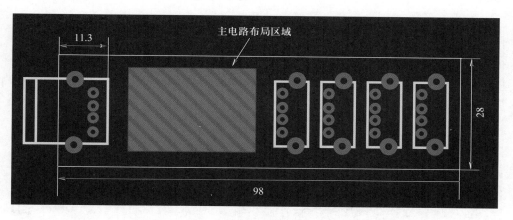

图 5-43　绘制板框及放置关键元件(单位:mm)

图 5-44　USB 集线器电路 PCB 最终布局效果示意图

5.6.2　交互式布局

PCB 布局的基本思路(见图 5-45)一般是设定布局约束(例如板框),放置固定元件(例如本项目 5.6.1 节中的 USB 连接座),然后通过交互式和模块化布局来放置主要芯片和外围器件,大体布局完成后,再局部模块化布局,根据连接方式细化芯片外围器件的位置,最后进行布局评估,预估布线的复杂程度,决定是否调整布局方案。

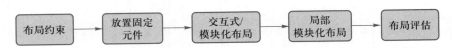

图 5-45　PCB 布局的基本思路

所谓交互式布局,是指在布局过程中,同时使用原理图和 PCB 图进行参考布局,在原理图中选中一个或多个元件时,PCB 图中对应的元件也会被选中,如图 5-46 所示。图中,设置交互式布局后,在原理图中选中 3.3 V 电源指示灯部分的 D1 和 R6 两个元件后,PCB 图中对应的元件封装也会被选中,并高亮显示。所有的设计软件均提供交互式布局功能,利用交互式布局可以比较快速地定位元件,从而缩短设计时间,提高工作效率。

视频
USB 集线器电路的
PCB 布局
● PADS

● Altium Designer

● 嘉立创 EDA

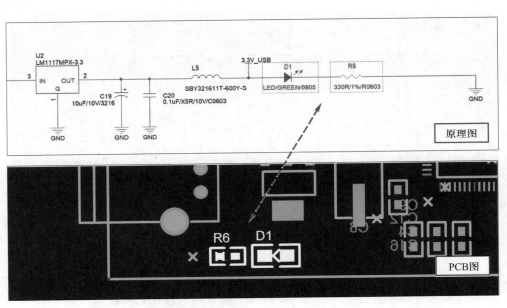

图 5-46　交互式布局示意图

不同软件实现交互式布局的设置各有差异,特别是不同公司产品的交互更为烦琐,例如 OrCAD 与 PADS 的同步。

5.6.3　模块化布局

模块化布局是指按照功能,将电路分解为多个模块,分配不同模块在 PCB 上的位

置,同一模块的相关元件布局在邻近位置。举例说明,本项目电路中电源部分的其中
一个模块是将 5 V 输入电压转换为 3.3 V 电压的转换电路,如图 5-47 所示。该模块以
芯片 LM1117 为核心,并包含磁珠 L4、L5 和滤波电容 C19、C20,5 个元件属于一个功能
模块。

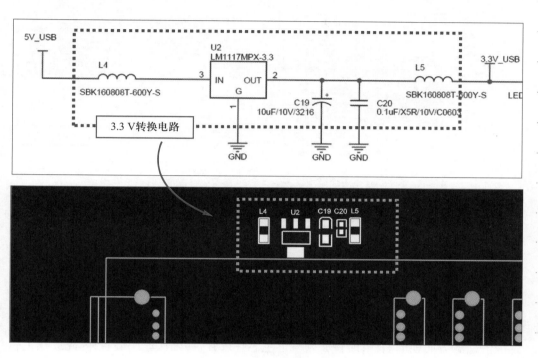

图 5-47　模块化布局示意图

　　在具体操作上,模块化布局需要使用交互式布局功能,在原理图中选中一个模块
的相关元件,PCB 图中对应模块的元件也会被选中,然后把相应的模块放到一起,再根
据需要布局于 PCB 上合适位置,这就是交互式 / 模块化布局的思路。基于这种思路,
在布局初期,可以将 PCB 上的元件进行快速的模块化分组。模块化布局和交互式布局
是密不可分的。利用交互式布局,在原理图上选中模块的所有元件,一个个地在 PCB
上排列好,接下来,就可以进一步细化布局其中的芯片、电阻、二极管等元件了,这就是
局部模块化。

　　了解电路的功能模块分布是进行模块化布局的前提,PCB 工程师在布局之前需要
分析原理图,了解电路情况,以确定模块分组。以本项目电路为例,如图 5-48 所示,整
个电路大体上分为电源和主芯片两个主要模块,其中电源模块包括 3.3 V 转换电路和
2.5 V 转换电路两个小模块,而主芯片模块中又包括 USB 主接口、USB 分路接口、时钟
三个小模块。

　　在具体布局时,首先利用交互式布局,将各个模块的元件进行分组,然后根据板框
等布局要求,粗略放置各个模块。由于结构参数的约束,USB 主接口和 USB 分路接口
的位置已经确定,其他模块的布局需要以此为准则。

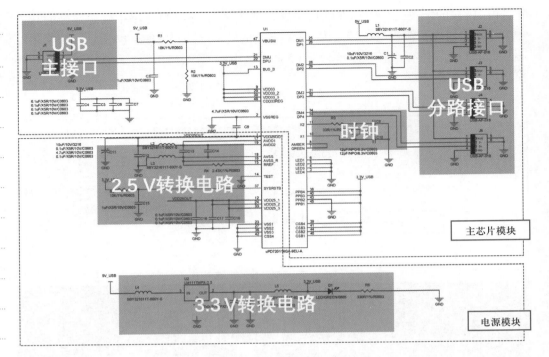

图 5-48   USB 集线器电路的模块分组

由于 3.3 V 转换电路的输入电压来自 USB 主接口,因此在布局时使其紧跟 USB 主接口;4 个 USB 分路接口决定了主芯片的位置必须位于其左侧,并保证 USB 信号相关连线的引脚方向朝向右侧;时钟必须靠近主芯片放置,并确保连线最短,因此放在主芯片左侧是最好的选择;2.5 V 转换电路是主芯片的内部电路。综上,得到 USB 集线器电路的模块化布局方案如图 5-49 所示。

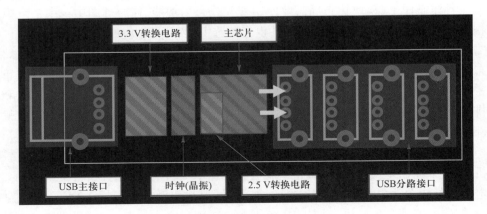

图 5-49   USB 集线器电路的模块化布局方案

模块化布局完成后,下一步要针对各个最小模块,围绕核心元件进行局部模块化布局。举例说明,以 3.3 V 转换电路为例,其核心元件为 LM1117 芯片,其他元件都要围绕它来布局,并遵从"尽量短直"的原则,图 5-50 给出了一种 3.3 V 转换电路的布局方案。

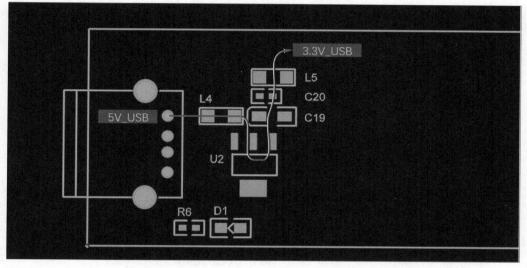

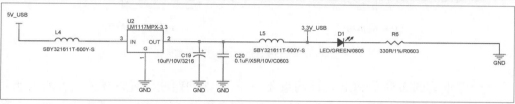

图 5-50   3.3 V 转换电路的布局方案

    图中,电源电压 5V_USB 从 USB 连接座的引脚输入,经过磁珠 L4 滤除干扰后,从 U2 的 3 号引脚进入,转换为 3.3 V 后,经 U2 的 2 号引脚输出,再经 C19、C20 滤波,L5 过滤高频干扰后,输送至主芯片电路。D1 和 R6 是 3.3 V 电源的指示电路,结构文件中并没有严格规定灯的位置,因此可以自主选择合适的位置放置。

    按照上述布局思路,可以完成除旁路电容外,主芯片、时钟、2.5 V 转换电路的初步布局方案,如图 5-51 所示。

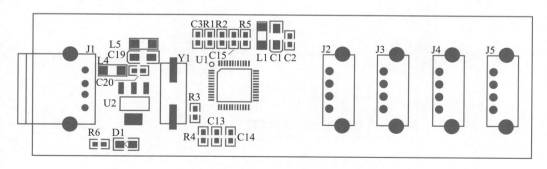

图 5-51   除旁路电容外的初步布局方案

5.6.4   旁路电容的布局

    旁路电容的布局、布线原则是最小化连线的电阻和电感。举例说明,图 5-52 所示为旁路电容的布局示意图,图 5-52(a)是正确的布局方式,旁路电容靠近芯片电源引脚放置,使得电源引脚 VCC 和接地 GND 的连线较短,有效减小了连线的电阻和电感;图 5-52(b)是错误的布局方式,旁路电容距离电源引脚较远,导致走线较长,增加了额外的电感和电阻。理想情况下,如果采用 4 层以上的板子,有专门的地平面、电源平面,可以使用过孔将电容两端的电源和地连接到相应的地平面和电源平面,进一步减小连线的电阻和电感。

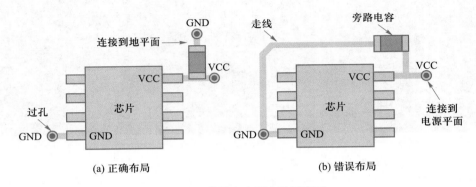

图 5-52　旁路电容的布局示意图

　　旁路电容的布局是 PCB 设计的重要一环,错误的摆放位置将导致电容的功能无效化。对于 QFP 和 SOP 等封装形式的芯片,在空间允许的情况下,理想化的布局方案是将旁路电容均匀分布在芯片引脚附近,靠近相应的电源引脚,如图 5-53 所示。

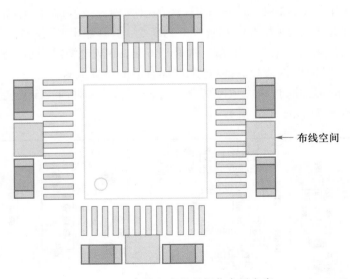

图 5-53　旁路电容的理想化布局方案

　　受到各种现实因素的影响,理想化的布局一般难以实现,图 5-53 中靠近芯片引脚的电容会严重减小布线空间,导致其他引脚的线路难以引出。为了兼顾电容性能和 PCB 布线空间,一个更好的布局方式是将电容放置于芯片电源引脚的底部,也就是对面层的位置,如图 5-54 所示。芯片引脚通过顶层线路连接过孔,再连接到底部的电容引脚,这种布局方式可以为其他引脚的扇出走线和过孔提供更多空间。

　　本项目电路针对 3.3 V 电源设计了 4 个旁路电容,分别对应主芯片的 4 个电源引脚。4 个旁路电容在布局时必须放置到对应的 4 个引脚底部,如图 5-55 所示。

　　图 5-56 所示为 2.5 V 转换电路的原理图部分,主芯片工作所需的 2.5 V 电压通过芯片内部转换电路获得,从主芯片的 1 号引脚输出,名称为 VDD25OUT。图中 C9、C11、C12 是滤波电容,与磁珠 L2 共同滤除输出电压的纹波起伏和高频干扰,磁珠 L3 用于模拟接地引

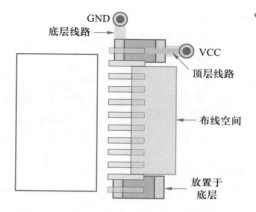

图 5-54　放置于电源引脚底部的旁路电容

脚 AVSS 和 AVSS_R 的高频干扰过滤;C13、C14 分别作为 17、19 号电源引脚的旁路电容,C16~C18 分别作为 12、24、33 号电源引脚的旁路电容。

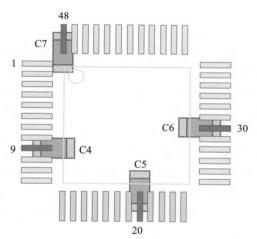

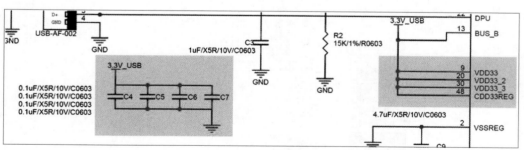

图 5-55　主芯片 3.3 V 电源引脚旁路电容的布局

　　滤波电容的布局知识已经在项目 4 中进行了学习,其要点是电压信号必须先经过滤波电容,再进入后端电路。在本项目中,主芯片的左侧已经放置了晶振,顶层已经没有空间再放置 2.5 V 电源的滤波电容,因此 C9、C11、C12 只能放置于底层,如图 5-57

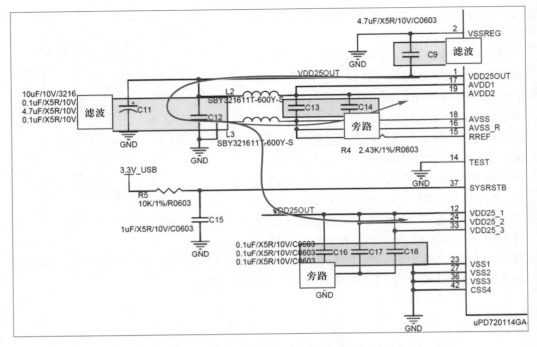

图 5-56　主芯片 2.5 V 电源引脚滤波电容和旁路电容的分布

所示。同时,考虑到主芯片引脚底部已经放置了 3.3 V 电源的旁路电容,还要放置 2.5 V 电源的 5 个旁路电容和 2 个磁珠,因此 C9、C11、C12 只能放置于主芯片底层左侧位置。

　　同一个电源输出端上多个滤波电容的布局原则是:大容量靠近引脚,小容量放在外侧。因此在图 5-57 中,大容量 10 μF 的钽电容 C11 距离主芯片 1 号电源引脚最近,然后是 4.7 μF 的电容 C9,接着是 0.1 μF 的电容 C12,最后经过磁珠 L2 再到对应的电源引脚,如图中蓝色箭头所示。磁珠 L3 放置于 16~18 号引脚的底部。

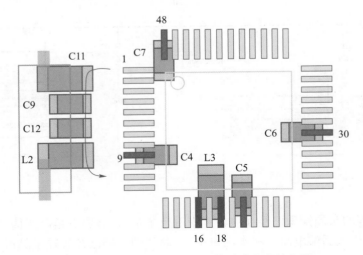

图 5-57　主芯片 2.5 V 电源引脚滤波电容的布局

根据图 5-56,主芯片 17、19 号电源引脚的旁路电容 C13、C14 分别放置于其底部, 12、24、33 号电源引脚的旁路电容 C16~C18 分别放置于对应引脚底部,如图 5-58 所示。 由于底部空间非常有限,新放置的旁路电路将挤占原来的布局空间,因此已布局电容 和磁珠的位置要根据需要进行微调。

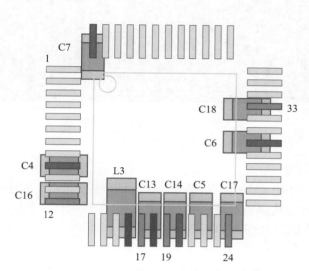

图 5-58　主芯片 2.5 V 电源引脚旁路电容的布局

5.7　PCB 布线

在前四个项目的 PCB 布线步骤中,已经先后学习了基本连线、普通信号线和电源 线布线原则、走线孔、简单铺铜、安全间距设置、多区域铺铜、敏感线路处理、滤波电容 布线和静态铜设计等技巧,本项目将讲解多走线孔设置、布线顺序、高速差分线、旁路 电容的布线等新知识。

5.7.1　多走线孔设置

走线孔是在布线过程中,为了实现层间连接,动态增加的金属孔,相关基础知识 见项目 2 的 2.7.2 节。对于复杂的 PCB,一般需要设置多个尺寸不同的走线孔,以满 足不同的布线需要。本项目电路 PCB 中将设置两种尺寸的走线孔,大尺寸走线孔的 内 / 外直径参数为 35/52 mil,主要用于电源线路;小尺寸走线孔的内 / 外直径参数为 20/32 mil,主要用于普通信号线,如图 5-59 所示。同时,由于主芯片区域布线空间非 常有限,在布线中使用小尺寸走线孔是一种更好的方案。

5.7.2　布线顺序

PCB 布局基本完成后,就可以开始布线工作。越是复杂的 PCB,越是要讲究正确 布线的顺序。错误的布线顺序将严重影响布线效率,甚至导致最终 PCB 布线无法完成。 布线顺序的原则可以概括为:关键元件优先、关键信号线优先和密度优先。

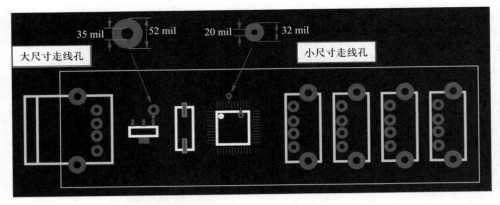

图 5-59   多走线孔设置及使用区域

1. 关键元件优先

时钟、USB、DDR、射频等核心部分相关元件应优先布线,其他次要元件的信号线不可以和关键元件的线路相抵触。本项目电路中,关键元件主要包括晶振和 5 个 USB 连接座,需要优先布线,如图 5-60 所示。

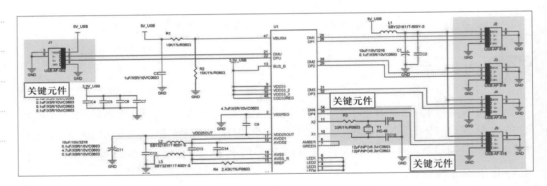

图 5-60   优先布线的关键元件

2. 关键信号优先

电路中的时钟信号、高速信号、模拟信号和电源信号等关键信号需要优先布线。一种比较通用的布线顺序是时钟信号、高速信号、视频信号、音频信号、一般模拟信号、电源信号、一般数字信号和地信号。本项目电路中没有视频信号、音频信号和模拟信号,关键信号的布线顺序如图 5-61 所示。

3. 密度优先

对于相同布线顺序的部分,优先从连接关系最复杂和密集的元件区域着手布线。例如本项目电路中,对比 3.3 V 和 2.5 V 电源网络,明显 2.5 V 电源网络的连接关系更为复杂,而且布线空间更小,因此应优先完成 2.5 V 电源网络的相关布线。

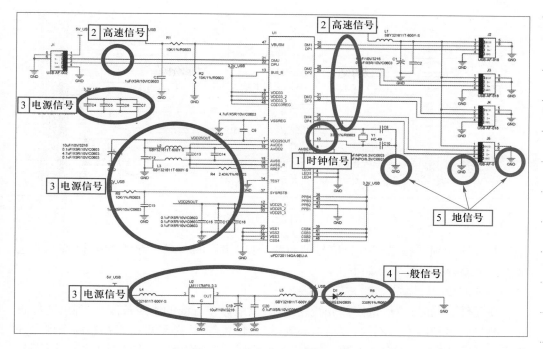

图 5-61 关键信号的布线顺序

5.7.3 高速差分线

对于 PCB 上的某一条布线,提高其数据传输效率的直接方法是提高数据的传输速率,然而随着速率的提升,信号完整性问题会变得越来越突出,尤其是串扰以及损耗等问题会越发严重,因此在现代电子系统中,对于重要高速信号的传输,一般采用差分线的形式。

图 5-62 所示为差分线的原理示意图。差分线使用两个极性相反的电压信号来传输一个信息,因此包括两条线,一条线传输正相信号,另一条线传输反相信号。接收端通过检测两条线路之间的电位差来接收信息,两个电压信号是"平衡的",具有相对于共模电压相等的幅度和相反的极性。在差分结构下,线路外部引入电磁干扰或串扰时,将同时作用到正相和反相信号上,虽然单条线路上有影响,但两条线路的电压差将抵消外部引入的干扰,从而大大降低干扰或串扰的影响。目前差分线已经广泛应用于各种高速通信标准中,例如以太网、USB 和 HDMI 等。

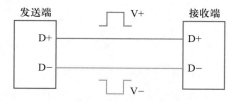

图 5-62 差分线的原理示意图

USB 协议定义由差分信号线传输数字信号,USB 2.0 协议有 1 对差分线,USB 3.0 协议有 3 对差分线。本项目电路中的 USB 集线器采用 USB 2.0 协议,5 个 USB 连接座一共包含 5 对差分线,同一个收发端的两条差分线称为差分对,如图 5-63 所示。

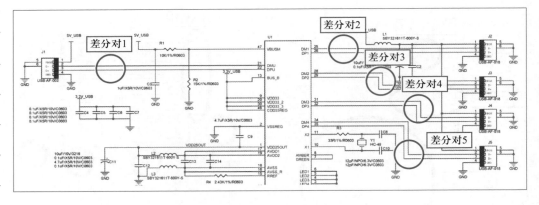

图 5-63　本项目电路中的差分线分布

差分线必须严格遵守差分信号的布线规则,错误的布线将导致 USB 设备不能正常工作。差分线设计要点如下:

1. 线路最短,优先绘制

在元件布局时,应尽量使差分线路最短,以缩短差分线的走线长度。当然,元件布局一般受到多种因素的制约,如结构参数、接口位置等,线路最短是指在布局条件允许的情况下尽量缩短差分线的长度。同时,差分线属于高速线路,在布线时需要优先绘制。

2. 等长等距,平行走线

差分线涉及两条线路,要尽量使得正相和反相信号在两条线路上的传输特性相同,就要确保走线具有相同的长度,当然线宽也要相同。同时,两条线路距离越近,信号的耦合就越好,线路上的干扰将更有效地抵消。因此,布线时要采用对称平行走线的方式,保证两条线路紧密耦合。当线路需要改变走线角度时,使用45°或者弧形方式,避免90°走线。图 5-64 给出了差分线正确和错误布线方式的对比。

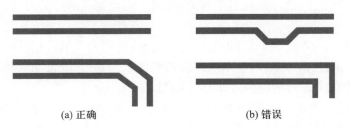

(a) 正确　　　　　　　　　　　　(b) 错误

图 5-64　差分线正确和错误布线方式的对比

3. 因素制约,等长优先

在实际差分线布线过程中,引脚分布、过孔,以及走线空间等因素的制约,都会使得差分线长度难以匹配,而不匹配的线长将造成信号时序的偏移,还会引入共模干扰,降低信号质量。所以,在差分对的布线过程中要时刻注意线长的匹配,当线间距和线长不能兼顾时,应优先使线长匹配。匹配是指两条线路的长度差控制在 5 mil 以内。

图 5-65 是一个差分对的长度匹配示例。图 5-65(a)中由于布线空间和引脚的限制,两条线路不能以对称的角度连接引脚,造成线长不匹配。为了实现差分对的长度匹配,图 5-65(b)中采用绕线的方式增加了下方线路的长度。

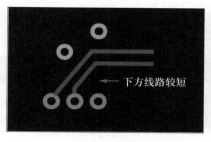
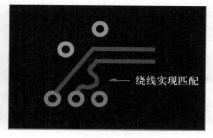

(a) 线长不匹配   (b) 线长匹配

图 5-65 差分对的长度匹配示例

4. 精确计算,阻抗控制

线宽和线间距的计算是高速差分线设计的难点。对于一般的低速应用,差分对的线宽及线间距可以与 PCB 其他信号的线宽及线间距一致。然而当 USB 设备的工作速率为 480 Mbit/s 时,差分对只做到等长且等距是不够的,还需要对差分信号进行阻抗控制。

差分走线的阻抗除了与线宽和线间距有关外,还与 PCB 材质的介电常数、参考平面的高度、铜箔厚度等因素有关。线路阻抗一般通过专业软件计算,目前行业中普遍采用 Si9000 这款软件作为计算工具,其界面如图 5-66 所示。差分阻抗影响信号的眼图、带宽、抖动和干扰电压等因素,其计算是一个复杂的过程,这里不作展开,感兴趣的读者可以查询相关资料进行学习。

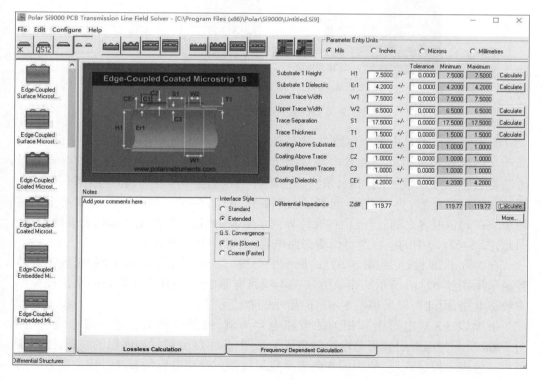

图 5-66 专业线路阻抗计算工具 Si9000 的界面

USB 2.0 协议中要求差分线的阻抗控制在 $90 \times (1 \pm 10\%) \, \Omega$，对于 1.6 mm 板厚、FR4 材质的双层 PCB 来说，经计算可得到差分线的一组参数：线宽为 13 mil，线间距为 6 mil。

注   意

13 mil 线宽及 6 mil 线间距只是理论设计值，最终制板工厂会依据要求的阻抗值并结合生产的实际情况和板材，对线宽、线间距及层间距离进行适当的调整。

5.7.4   旁路电容的布线

旁路电容的布线原则与布局相同，就是最小化连线的电阻和电感，这两个参数与连线的长度和宽度紧密相关，长度越小，宽度越宽，则连线的电阻和电感越小。因此，减小连线电阻和电感最直接有效的布线措施是尽量缩短旁路电容与芯片之间的连线长度。根据理论分析，缩短连线长度与增加宽度相比，效果更好。

具体的布线方法分为两种：布线方法 1 是先从电源引脚布线到旁路电容，再到电源，如图 5-67（a）所示；布线方法 2 是将连接电源的孔放置在引脚和旁路电容之间，如图 5-67（b）所示。两种方法在电气连接上没有区别，但对于上升时间极短的高频信号却差别很大。

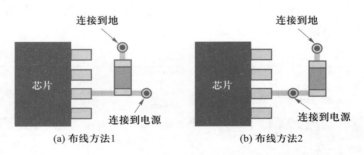

(a) 布线方法1   (b) 布线方法2

图 5-67   电源引脚旁路电容的布线

电源网络一般是由多个电路共用的，对于一些对信号比较敏感的芯片来说，其内部产生的高频杂波可能会随着电源线路传导到其他元件，而电源引脚上的电容可以通过将这些高频杂波旁路到地，来实现去耦作用。图 5-67（a）中，芯片内部产生的高频杂波先经过电容，再到电源，起到了去耦的作用；图 5-67（b）中，芯片内部产生的高频杂波在到达电容之前，已经过过孔传导到了电源网络上，电容无法起到去耦的作用。因此，图 5-67（a）中的电容既可作为旁路电容，也可作为去耦电容。

在实际 PCB 设计中，图 5-67（a）所示的布线方法一般用于模拟电路，而数字电路普遍采用图 5-67（b）所示的布线方法。本项目电路中的 USB 集线器是一个比较典型的数字电路，因此可以采用图 5-67（b）所示的布线方法。

下面以 3.3 V 电源引脚相关的旁路电容为例，讲解旁路电容的一般布线方法。图 5-68 所示为电源引脚旁路电容的布线示意图，为了区分顶层和底层的线路，图中使用浅蓝色表示顶层线路，使用深蓝色表示底层线路。旁路电容的布线过程主要分为两个步骤：

1. 连接电源引脚和电容

如图 5-68 左侧局部放大部分所示,各个电源引脚对应的旁路电容放置于芯片引脚的底部,电容和引脚的连接必须使用过孔来完成。首先从电源引脚布线,线宽与焊盘宽度相当,放置一个过孔到底层,再连线到电容一端。底部的线路由于没有芯片引脚的空间限制,可以适当增大宽度。依照相同流程,完成同一网络所有电源引脚和对应旁路电容的连接,如图 5-68 所示。

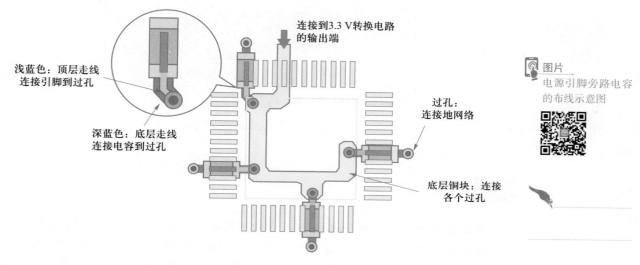

图片

电源引脚旁路电容的布线示意图

图 5-68   电源引脚旁路电容的布线示意图

2. 连接各个过孔

这些过孔属于一个网络,最终需要在电气属性上连接起来,一般通过铺铜的方式实现。图 5-68 中使用不规则的多边形,在底层绘制了一个铺铜区域,实现了该网络 4 个过孔的连接。同时,该铜块需要连接到 3.3 V 转换电路的输出端。选择在底层铺铜,是因为顶层已经放置了包括主芯片在内的大量元件,布线空间非常有限。

图 5-68 中,电容的另一端需要连接地网络,一般的处理方法是靠近电容放置一个过孔,等待其他电源引脚的旁路电容均完成过孔放置后,再使用铺铜的方式连接所有过孔到地网络。

需要注意的是,图 5-68 是以 3.3 V 电源引脚的旁路电容为例给出的布线示意图,并不是最终的布线结果。按照相同的原理和步骤,2.5 V 电源引脚旁路电容的布线过程也会产生多个过孔,同样需要使用铺铜方式绘制多边形区域。同时,该区域还涉及各旁路电容接地一端产生的过孔。最终,在芯片底部这片狭小的布线空间内,需要根据三类网络过孔的分布绘制铺铜区域,其过程与项目 3 的 3.7.2 节中学习的单平面多区域铺铜方法类似。

图 5-69 给出了一种多区域铺铜的示意图,图中使用不同的图形符号代表不同网络的过孔,分别模拟本项目电路中接地、2.5 V、3.3 V 三个网络旁路电容布线过程中产生的过孔。单平面内实现多区域铺铜的难点在于根据不同网络过孔的分布绘制区域,且各区域不能相互包含。

视频

USB 集线器电路的
PCB 布线
- PADS

- Altium Designer

- 嘉立创 EDA

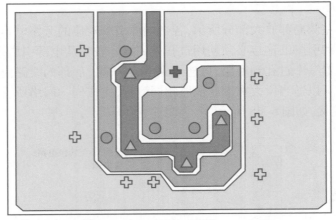

✚ 接地过孔　⬤ 2.5 V 过孔　▲ 3.3 V 过孔

图 5-69　多区域铺铜的示意图

5.8　后续处理

　　后续处理包括导出元件清单、规范元件标号和导出制造文件三项主要工作,在前四个项目中,已经先后学习了元件产品代码、元件标号的位置、光绘文件、导出制造文件、PCB 制造工艺等知识,本节将讲解密集元件的标示、添加图形标识和阻焊开窗处理等新知识和新技巧。

5.8.1　密集元件的标示

　　项目 2 的 2.8.2 节介绍了元件标号的基本概念和放置原则,对于元件密度较低的 PCB,只要元件标号尽量靠近对应元件放置,一般不会造成误解。然而对于元件密度较高的 PCB,元件之间的距离非常小,很难提供充裕的空间让元件标号靠近元件放置。图 5-70 所示为一个高元件密度的 PCB 局部图,多个元件紧紧相邻,特别是置于内部的两个元件 C2 和 C3,周围已经没有空间可以放置其标号。

　　元件标号的主要作用是在 PCB 焊接组装环节正确指示元件的位置,确保元件安装到正确的封装上。其次,元件标号还需要在元件焊接后依然清晰指示元件位置,便于后期维护和调试。因此,元件标号不能放置于元件封装范围内,这是基本原则。

　　元件标号放置的另一个原则是不能产生指示歧义。图 5-71 所示为一种元件标号放置的常见错误示例,图中 L3、L4、L5 三个标号的位置都容易产生歧义。例如,L3 无法清晰指示其左右两侧的元件。一个严谨的 PCB 工程师,绝对不能忽视这一点点的隐患。在对 PCB 进行批量焊接组装时,不明确的元件标号可能导致技术工人将元件安装到错误的位置上,这是非常严重的技术事故,所造成的损失是难以估量的。

　　对于密集元件,可以采用多种方法进行标示,这里介绍两种常用的方法:线条指示法和区域表示法。

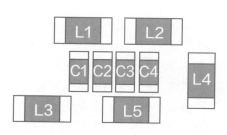

图 5-70   高元件密度的 PCB 局部图

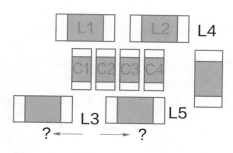

图 5-71   元件标号放置的常见错误示例

1. 线条指示法

可以在 PCB 上绘制线条(非金属连线),将元件标号和元件对应起来,如图 5-72 中的 C3 所示。在空间允许的情况下,可以将线条绘制成箭头的样式,如图中 C2 所示,更形象直接。这些线条一般绘制在丝印层上,属性是普通的 2D 线,以白色油墨的形式制造。

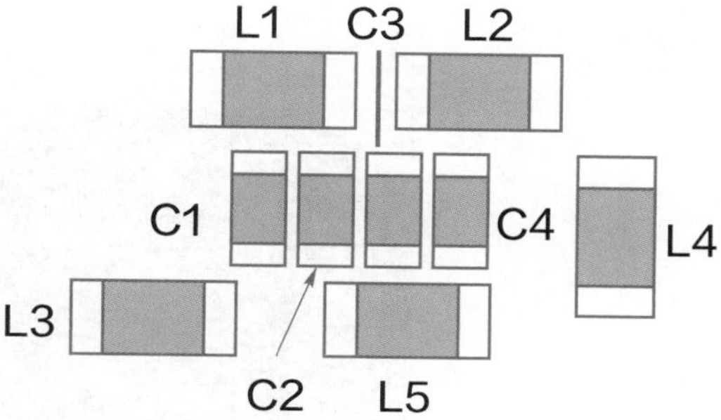

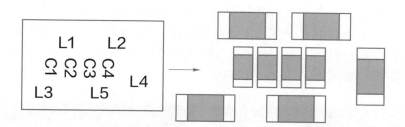

图 5-72   密集元件标示的线条指示法

2. 区域表示法

PCB 上密集的元件往往分布在一个或者多个区域,可以在密集元件的相近位置,将所有元件的标号集中在一起,按照元件的相对位置进行放置。图 5-73 给出了区域表示法的一种方案,而图 5-74 是该方案的实际应用。

图 5-73   密集元件标示的区域表示法

图 5-74   区域表示法的实际应用

5.8.2 添加图形标识

PCB 布局、布线完成后,经常需要增加一些常用的图形标识,例如公司图标、防静电标识、环保标识、安全规范标识等。图 5-75 展示了一块带有各种图形标识的 PCB 局部区域,这些标识具有非常重要的实际意义。例如,图中的 FCC 和 CE 标识分别代表美国和欧盟的认证标志。大多数国家为了保护消费者的利益,会制定法律条文来保护产品的安全,对涉及安全、卫生、环境保护和电磁干扰等项目的产品,都直接或间接地要求实行强制性的认证。当然,在 PCB 上放上对应标识并不代表通过相关认证,而是按照相关认证的要求设计 PCB,并经过权威检测后,才可以在 PCB 上添加相应标识。

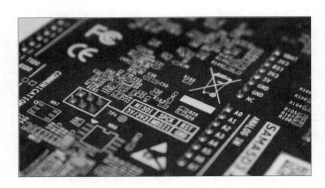

图 5-75 带有各种图形标识的 PCB 局部区域

上述图形标识最终以丝印的形式印制在 PCB 上,一般是白色油墨。仅使用设计软件自带的线条、矩形等工具,难以绘制如此复杂的图形。一般的设计方法是使用专用的转换工具,将图片文件格式的上述标识转换为设计软件能够识别的文件格式,再导入 PCB 中形成图形标识。基于此方法,就可以在 PCB 上设计出各种复杂的图形标识,例如公司的图标、校徽等,如图 5-76 所示。

视频
在 PCB 上设计图形标识

● PADS

● Altium Designer

● 嘉立创 EDA

图 5-76 PCB 上的公司标识

在不同软件中,设计图形标识的操作各不相同,本节分别提供了在 Altium Designer、PADS 和嘉立创 EDA 中设计图形标识的操作视频,读者可以扫描边栏二维码进行学习。

5.8.3 阻焊开窗处理

项目 3 的 3.8.1 节介绍了阻焊层的基本概念,其作用是指示 PCB 上覆盖油墨的部分,主要是覆盖走线和铺铜,防止二者氧化和短路。阻焊开窗是指在阻焊层上开一个口,露出金属,换言之,就是让 PCB 某些位置不覆盖油墨。在 PCB 设计中,部分特殊场合下需要让某一个区域内不能覆盖油墨,这个时候就需要进行阻焊开窗处理。

举例说明,图 5-77 展示了一款蓝牙音箱 PCB 的天线部分,这是一种被称为曲流型天线的设计方法。其直接使用裸露的金属线,通过特殊形状设计,获得所需的蓝牙信号发射和接收性能。曲流型天线一般放置在 PCB 顶层,线路必须裸露,且周围必须是净空区,因此不能覆盖油墨。具体的实现方法是根据阻焊开窗的需要,使用矩形、圆和多边形等工具,在对应位置绘制特定的开窗形状,并将此形状放置于阻焊层。

视频
USB 集线器电路的
后续处理
● PADS

● Altium Designer

● 嘉立创 EDA

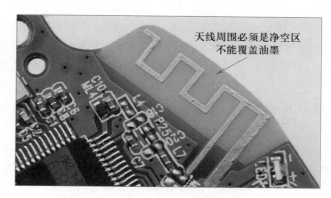

图 5-77 蓝牙音箱 PCB 天线部分的阻焊开窗设计

使用阻焊开窗技巧,还可以实现更多有趣的效果。图 5-78 是一个利用阻焊开窗技巧,在 PCB 上设计金属图形和文字的示例。这是一个使用 PCB 方式设计的直尺局部图,图中的刻度线、数字和英文字符都做成了金属的形式,该效果的实现主要分为两个步骤:

1. 在线路层放置金属化元素

根据项目 3 的 3.8.1 节有关线路层的知识,任何放置于线路层的元素在刻蚀时都将会保留,形成金属。把文字放置于线路层,文字将以金属的形式制造出来,如图 5-78 (a) 和 (c) 所示。

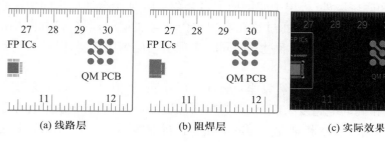

(a) 线路层　　　　(b) 阻焊层　　　　(c) 实际效果

图 5-78 利用阻焊开窗技巧设计金属图形和文字的示例

图片
利用阻焊开窗技巧设计金属图形和文字

2. 在阻焊层放置相同元素

对于线路层的元素,如果不进行开窗处理,PCB 制造时将默认覆盖油墨,就无法实现金属图形和文字的效果。因此,如果想让对应的图形和文字露出金属,就需要在阻焊层相同的位置放置相同的图形和文字,如图 5-78(b)所示。

5.9　多层板设计

5.9.1　多层板的结构

截至 5.8 节,已经完成了 USB 集线器电路的 PCB 设计流程,本节将以该项目为例,介绍多层板的设计知识。从项目 1 的入门项目,到项目 5 的进阶项目,本书中介绍的这 5 个项目均基于两层板的形式设计。图 5-79 所示为两层板的结构示意图,按照从上至下的顺序,上面一层金属层称为顶层,下面一层金属层称为底层。一般情况下,PCB 的顶层和底层同时作为布线层和元件层,两层之间的线路使用过孔连接。元件只能焊接在顶层或者底层,也就是 PCB 的两面。在两层板结构中,放置在顶层和底层的元件已经占据了一定的空间,剩余的布线空间是有限的,对于一些复杂的电路,两层板的结构就无法完成 PCB 的布局和布线。

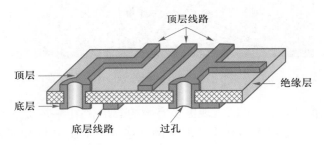

图 5-79　两层板的结构示意图

为了增加布线的空间,多层板的结构应运而生。这里的"层",是指结构中的金属层,多层板一般是指 4 层以上的 PCB。如果多层板的金属层数量为 4,则称为四层板,以此类推。由于电路板制造的原材料是双面覆铜结构,因此多层板的数量一般是双数。

下面以四层板为例,介绍多层板的结构原理。图 5-80 所示为四层板的结构示意图,除了顶层和底层以外,板层中间增加了两个金属层,4 个金属层之间使用绝缘层隔开。顶层和底层的线路可以通过过孔实现与内层金属层的连接,例如图中的过孔 1 实现了顶层到第 2 层的连接,而过孔 2 同时实现了顶层到第 3 层,以及顶层到底层的连接。

对于四层板,虽然元件依然只能安装在顶层和底层,但是可以布线的层面却增加到了 4 层。在相同的电路复杂度下,因为可布线层的增加,四层板的设计难度反而要比双层板低,但制板成本和难度会随之增加。在行业实际开发中,不会盲目追求 PCB 层数的增加,而是会综合考虑各方面的需求,以达到最佳的平衡。

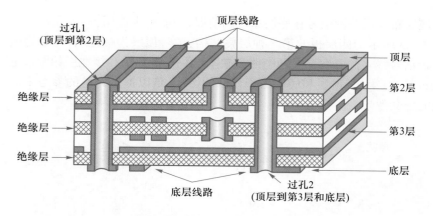

图 5-80   四层板的结构示意图

5.9.2   多层板的层叠结构设计

确定多层板的层数后,下一步的工作是确定内电层的放置位置及如何在这些层上分布不同的信号,这就是多层板的层叠结构问题。

多层板的层叠结构设计一般遵循两个基本原则:一是信号层尽可能与接地层相邻;二是关键信号层与接地层相邻。接地层在多层结构中的主要作用是提供一个低阻抗的地并给电源提供最小噪声回流。在实际布线中,两个接地层之间的信号层、与接地层相邻的信号层,都属于优先布线层。高速信号、时钟信号和总线信号等重要信号,应在这些优先布线层上布线和换层。

本节以四层板为例,介绍一般的层叠结构设计的原则和方法,六层板及更高层数的 PCB 可以根据相关原理进行类推。图 5-81 所示为四层板的一种层叠结构方案,顶层和底层走信号线,第 2 层为接地层,第 3 层为电源层。该方案中,顶层与接地层的距离最近,信号对地阻抗最小,因此可以将高频信号、射频信号等关键信号优先布于顶层。

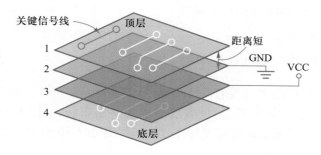

图 5-81   四层板的层叠结构方案 1

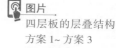

图片
四层板的层叠结构
方案 1~ 方案 3

将接地层和电源层的位置互换,可以得到另一种层叠结构方案,如图 5-82 所示,顶层和底层走信号线,第 2 层为电源层,第 3 层为接地层。根据层叠结构的设计原则,关键信号与接地层相邻,采用该方案时,关键信号应该布于底层。该方案适用于主要

视频

USB 集线器电路的
四层板设计

● PADS 布局

● PADS 布线

● PADS 后续处理

● Altium Designer

● 嘉立创 EDA 布局

● 嘉立创 EDA 布线

● 嘉立创 EDA 后续
处理

元件在底层布局或关键信号在底层布线的情况,一般很少使用。

图 5-83 所示为四层板的第三种层叠结构方案,顶层为接地层,底层为电源层,中间两层走信号线。此方案存在两个明显缺陷:第一,电源层和接地层相距过远,使得电源层阻抗较大;第二,顶层和底层由于元件的影响,难以提供完整的参考平面,无法达到预期的屏蔽效果。

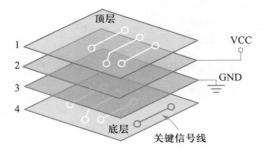

图 5-82　四层板的层叠结构方案 2

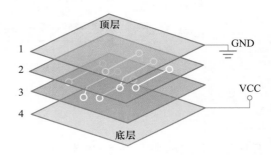

图 5-83　四层板的层叠结构方案 3

综上所述,对于四层板,方案 1 是最优方案,顶层的元件面下方有一个完整的接地层,并将关键信号布于顶层。

依据相同的原则,可以设计一个最优的六层板层叠结构方案,如图 5-84 所示。此方案中,信号层 1~3 均相邻接地层,其中信号层 2 的上方和下方均有完整平面包围,关键信号优先布于该层。另外,该方案中电源层与接地层相邻,层间距离很小,能够获得最低的电源层阻抗。这里所说的"最优"是相对的,如果 3 个信号层能够满足布线要求,则该方案是最优的;如果需要 4 个信号层,则该方案并非最优,需要重新设计层叠结构。

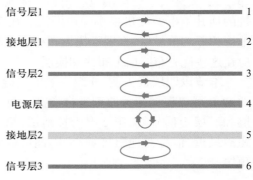

图 5-84　六层板的层叠结构方案

5.9.3　多层板的设计实现

在不同设计软件中,多层板的设计实现过程虽然各有差异,但主要流程是相同的,可以分为三个步骤:增加电气层、设置层颜色和多层布线,如图 5-85 所示。本节以 USB 集线器为例,将原来的两层板设计修改为四层板设计,并给出详细的操作视频。

3D 模型

USB 集线器电路的
3D 模型

图 5-85　多层板的设计步骤

至此，USB 集线器电路的 PCB 设计流程已经完成。蛛游蛔化，熟能生巧，该进阶难度的项目对布局、布线的空间要求比较苛刻，导致设计难度有所增加。经过该项目的训练后，你已经具备了初级 PCB 工程师的技术和能力素质，接下来需要在更多的项目实践中不断积累经验，逐步成长为资深工程师。

下一个项目是考核项目，将综合考量你在前面五个项目中所学的知识和技能。如果你准备好了，就进入下一个项目考查一下自己的实力吧！

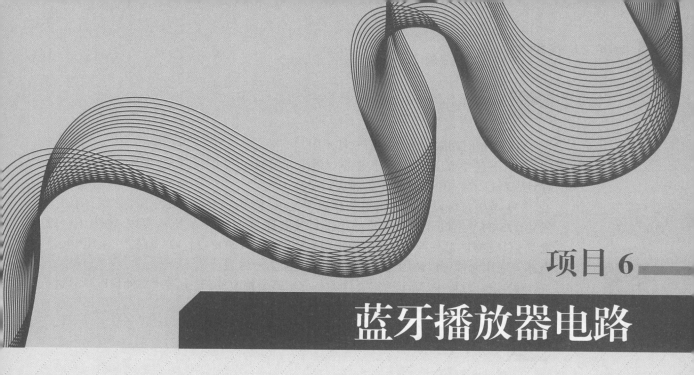

项目 6

蓝牙播放器电路

不矜不伐、青出于蓝

"不矜不伐"一词自出《尚书·大禹谟》："汝惟不矜,天下莫与汝争能;汝惟不伐,天下莫与汝争功。"其用于形容人不自夸,不自大,谦虚谨慎。

本项目为考核项目,要求读者按照步骤和给定材料完成一个蓝牙播放器电路的设计。如采用本书进行教学,建议提供条件将每一个学生完成的 PCB 进行制造,并提供相应的元件进行焊接调试,综合评价学生的能力水平。PCB 设计的学习不能停留在软件使用上,只有把 PCB 做出来,通过元件实际的焊接安装情况感受 PCB 的设计质量,才能得到真正的成长。

6.1 考核说明

（1）考核时间限定为 3~5 h，软件不限。

（2）下载并解压项目资料，根据试题要求完成 PCB 的设计，并将所有过程文件保存到资料目录中 BP 文件夹下的相关目录。

资料
蓝牙播放器电路的
项目资料

（3）考生自行设计的逻辑封装和物理封装，必须在命名时添加学号后缀（例如，学号为 123 的考生设计的某芯片的逻辑封装名称为 AC6925A，则需要以 AC6925A_123 命名；对应物理封装的名称为 QSOP-24，则需要以 QSOP-24_123 命名）。电阻、电容、电感等通用元件可以调用已有封装，不需要加学号后缀。

（4）设计过程中，除了给定文件的名称不需要修改外，其余新建文件均以学号进行命名。

6.2 逻辑封装和物理封装设计

（1）新建一个逻辑封装库，以学号命名，保存于 BP\lib 目录下。根据 BP\sch 目录下的 PDF 格式原理图和 BP\datasheet 目录下的元件资料，设计项目相关元件的逻辑封装。电阻、电容、电感等通用元件可以调用已有封装。

（2）新建一个物理封装库，以学号命名，保存于 BP\lib 目录下。根据 BP\datasheet 目录下的元件资料完成电路元件的物理封装设计。电阻、电容、电感等通用元件可以调用已有封装。

6.3 原理图绘制

（1）对照给定 BP\sch 目录下的 PDF 格式原理图，从逻辑封装库中调取元件，在设计软件中抄画原理图，并保存至 BP\sch 目录下。

（2）在绘制完成的原理图中，为每一个元件在物理封装库中选择正确的封装。

6.4 PCB 设计

（1）将完成物理封装信息写入的原理图，进行网表处理，生成 PCB 设计文件，并保存至 BP\pcb 目录下。

（2）PCB 采用两层板结构，按照图 6-1 所示的要求绘制板框，并按照关键元件的相对位置进行放置。关键元件均放置于顶层，板框的圆角弧度不限。

（3）根据板框尺寸和关键元件的位置，完成其他元件的布局。

（4）完成 PCB 的布线，要求电源线的线宽≥25 mil，普通信号线的线宽≥8 mil，过孔的内 / 外直径为 14/30 mil。

（5）规范放置元件标号的位置，完成 PCB 的安全间距检查和电气连通性检查，确保 PCB 无开路，无短路。

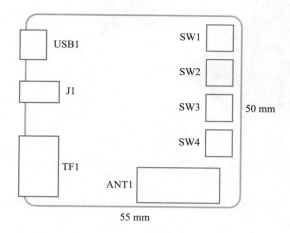

图 6-1　PCB 板框尺寸和关键元件位置要求

（6）导出 PCB 制造文件，并使用 CAM350 整合成 cam 文件，保存于 BP\gerber 目录下。

本书的内容至此就结束了，PCB 设计远不止本书的内容，希望你可以保持不矜不伐的心态，通过项目经验的不断积累，终有一日青出于蓝，成长为优秀的 PCB 工程师。

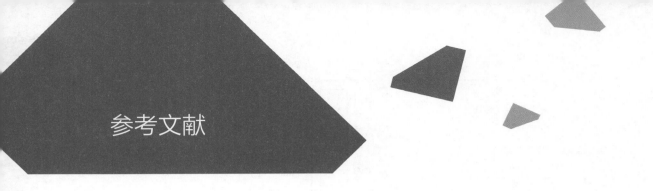

参考文献

［1］ 国巨电解电容选型手册［Z/OL］. https://www.yageo.com/upload/website/yageo_Yageo_Ecap_2021_
21060816_489.pdf.

［2］ TDA7052 芯片手册［Z/OL］. https://www.nxp.com/docs/en/data-sheet/TDA7052.pdf.

读者意见反馈

为收集对教材的意见建议，进一步完善教材编写并做好服务工作，读者可将对本教材的意见建议通过如下渠道反馈至我社。

咨询电话 　400-810-0598
反馈邮箱 　gjdzfwb@pub.hep.cn
通信地址 　北京市朝阳区惠新东街 4 号富盛大厦 1 座
　　　　　高等教育出版社总编辑办公室
邮政编码 　100029